SeaEagle

SeaEagle

為什麼物質激勵不總是有效的？

·霍·桑·效·應·

喬治·埃爾頓·梅奧/著 項文輝/譯

關心，比分紅和休假更有用；
尊重，比守則和規範更有效！
正確激勵員工的方式，徹底改變企業管理的未來走向！

全景還原心理學史上最著名的真人實境實驗
歷時9年，歷經4個階段，參加者2萬人以上

譯者序

提到歷史上那些著名的心理學實驗的時候，霍桑實驗是我們一定不能忽略的。在近一個世紀以前，梅奧教授和他的團隊透過細緻科學的現場研究而奠定管理科學中人本主題的研究領域，為當時飽受兩次世界大戰重創的歐美工業文明開出一劑良藥。它使西方管理思想在經歷早期的管理理論和泰勒、法約爾、韋伯的經典管理理論階段之後，進入行為科學的理論階段。

霍桑實驗是指在一九二四～一九三二年，哈佛大學教授喬治·埃爾頓·梅奧帶領一批學者在美國芝加哥西方電器公司霍桑工廠進行的一系列實驗的總稱。霍桑工廠是一個製造電話交換機的工廠，這家工廠具有完善的娛樂設施、醫療制度、養老金制度，但是缺勤和人員流動過快等情況仍然存在，工人們憤憤不平，工作效率低下。為了探求原因，一九二四年十一月，美國國家科學研究委員會組成一個由心理學等多方面專家參加的研究小組，在這個工廠進行實驗研究。這次實驗的目的，旨在探討工作環境和工作條件對工人工作效率的影響，但是實驗的結果卻非常出人意料——實驗資料揭示管理方式對工作效率的影響，其中產生決定性作用的是勞動者的內在心理因素。

霍桑實驗以後，梅奧教授針對經濟學理論中的「經濟人」假設而提出「社會人」的假設。他指出，人們的行為不單純受到經濟利益的驅動，還有社會方面和心理方面的需要，而後者更重要，即人們在工作中更重視精神激勵與人際關係。他也第一次將企業中的非正式群體作為研究對象來進行論述，並且指明非正式群體在企業中的積極作用與消極作用，提出正確處理非正式群體的方法。同時，他提出企業中提振士氣的重要性，指出員工對企業的滿意度是決定生產率的第一要素，駁斥經濟利益第一位的觀點。正是這些透過現場研究確立的基本主題，奠定人際關係理論的基礎。

隨著時間的推移，霍桑實驗及其結論的影響力越來越大。一些大學陸續設立相應的課程，在一九四九年，這些理論被正式定名為行為科學，成為管理科學的重要分支。人際關係學說及其觀點逐漸進入企業，福特基金會成立科學部，於一九五二年建立行為科學高級研究中心，並且在一九五三年撥款委託哈佛大學和史丹佛大學等高等學府從事行為科學的研究；洛克菲勒基金會和卡內基基金會也相繼撥款支持行為科學的研究。一九五六年，美國出版第一期《行為科學》雜誌。在企業管理中，管理者更關注人類的因素，重視人力資源的開發和管理。

·霍·桑·效·應·

如今，我們的社會與梅奧教授生存的時代相比已經有巨大的改變，但是人本理念仍然是現代管理的核心，如何在新的技術條件下改進企業中的人際關係，重新建構我們的社會結構，是擺在企業管理者面前的要務，因此再次閱讀梅奧教授的卓見是大有裨益的。

目錄

譯者序

第一章 從現場實驗開始的管理革命……9

第二章 實驗的緣起：缺勤及人員流動過快……23

第三章 霍桑工廠和西方電器公司……45

·霍·桑·效·應·

—第四章— 初期實驗……53

—第五章— 訪談實驗……61

—第六章— 人際關係的激勵與士氣的提振……81

—第七章— 疲憊和單調是效率的殺手……105

—第八章— 警惕非正式群體降低執行力……145

第九章
團隊合作與新型管理者……153

第十章
進步、效率、烏合之眾的假設……163

附錄
霍桑實驗簡要過程與結論……197

第一章

從現場實驗開始的管理革命

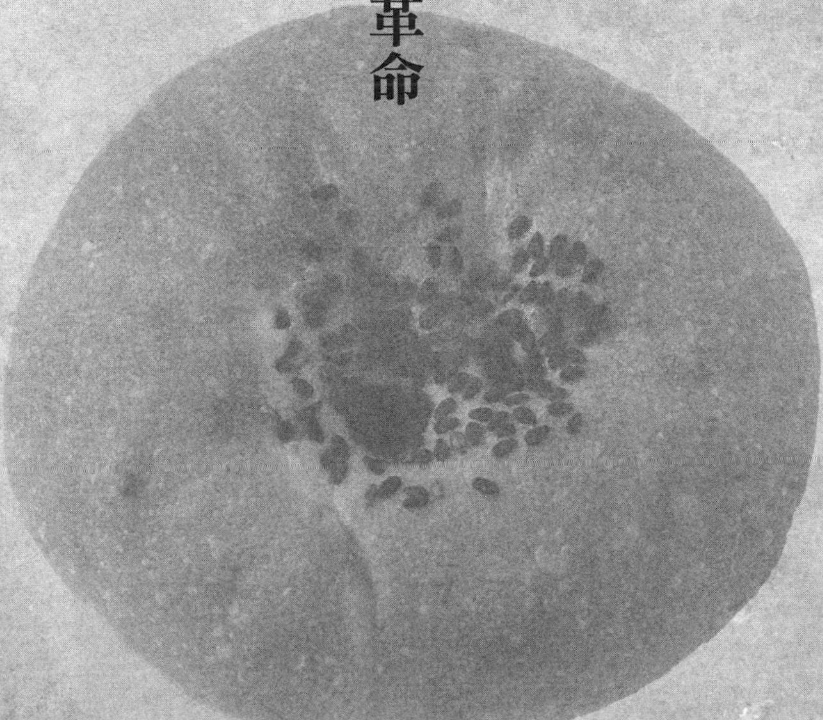

·霍·桑·效·應·

經濟學理論從某種角度來說是冰冷的，如果涉及人類的因素往往會出現非常大的謬誤，例如：經濟學理論竟然將人類描繪成一群為私利所驅使並且為了獲取各種稀有性資源而終日爭鬥的烏合之眾。這個扭曲人性的理論，也促使我們重新回到原點來探究人類的實際情況。如果要取代目前流行而抽象的經濟學概念和理論，必須具備從實際經驗中得來的知識，以及對複雜的人際關係的近距離瞭解。這就是我提倡的現場研究法，也是實驗室研究必備的先決條件。只有行之有效的現場試驗方法，才可能進行可靠的邏輯推導和實驗診斷。

我們進行的第一個現場調查，就遇到之前假設不能解釋的範例，也就是「個人利益是推動工作效率的動力」這個假設。在二十多年以前，曾經有人要我在可能的情況下，去研究並且找出費城附近一個紡織工廠的棉紡織部門工人流動率過高的原因[1]。這個紡織工廠其他部門的工人狀況普遍是讓人滿意的，主管們也很好相處並且知情達理。從工作管理來說，工序組織有序，分配合理，人們都認為這個工廠具有成功的管理模式。但就是這個工廠，總經理和人力資源經理對棉紡織部門的情況卻感到十分困擾。其他部門一年工人流動率一般的預估都是在五%～六%，但是棉紡織部門的流動率竟然高達二五〇%。換句話說，如果工廠要維持四十個工作職位，每年招募人數就要達到一百人。工廠工期繁重的時候，這種人員匱乏的狀況更明顯。

他們曾經針對這種情況專門聘請效率提升方面的專業諮詢公司，這些公司針對這個問題制定四個薪資激勵計畫。但是這些計畫無一倖免都失敗了，不僅工人流動率沒有降低，生產率也無法提升。最後，工廠管理者沒有辦法，只好尋求大學的資源來謀求解決。雖然這個區域的其他紡織工廠已經承認對棉紡織部門工人效率的降低無能為力，但是這個工廠的總經理卻不相信這個問題是無法解決的。

第一次現場考察的時候，棉紡織部門的工作情況看來與其他部門的工作情況大致相同。工廠已經實行一段週六休息日的制度，一個星期工作五天，每天十個小時，共計五十個小時。每天分成兩班，每班五個小時，在兩班之間有四十五分鐘吃飯時間。棉紡機的操作工人被稱為接線工，他們的職責就是在一條大約三十碼長的狹長走廊中來回巡視，走廊兩旁是正在紡紗的紗架。這些紡紗架前後活動，把棉紗從梳刷機中拉出來，加以扭轉，捲上繞在紡錘上的線團。這部機器上大概有十～十四個紗架，接線工必須隨時注視紗線的狀況，這些紗線經常斷掉，如果斷掉就要接上。這條走廊上通常容納二～三個接線工，具體人數視紡織的類型而定。在旁觀者看來，這項工作是單調乏味的，全部工作就是在走廊上來回巡視，續接線頭。工作中唯一的變化，就是在更換紗管的時候機器短暫的停歇。

·霍桑效應·

從這個階段開始到後來，我們都受益於賓州大學醫學研究所的神經精神病學教授魯德姆醫生的幫助。他派一個護士作為我們團隊的成員，她使工廠中的診所與費城的綜合性醫院之間建立聯繫。嚴重的疾病轉送到醫院，割傷或刺傷等問題由她自己處理。對於這個安排似乎不用多加解釋，工人們對這個護士和去醫院進行診療服務很滿意，這些服務也容易被大家所理解。從一開始，棉紡織部門的工人就佔按時到工廠診所去尋求護士服務的工人中相當大的比例，他們在診所和工作現場都可以和我們團隊的成員自由地交流。當然，大家都明白，我們不會將與他們溝通的任何內容洩露給其他的工廠成員。

這些工人開始與我們交流以後，我們發現情況已經與我們最初觀察的時候所發現的截然不同。我們發現幾乎所有接線工都有不同類型的腳部疾病，他們顯然不知道怎麼進行有效的治療。其中，有很多人也對我們說，他們的臂部、肩部、腿部都有不同程度的神經發炎的症狀。除了這些器質性疾病以外，更嚴重的事實是：這些工人在工作的時候，明顯感覺到悲觀沮喪。毫無例外地，這些工人都存在這種情緒。他們對於自己的工作也非常輕視，甚至比工廠其他部門對他們的評價更低。我們在觀察中也發現這種工作讓人感到十分孤獨，雖然一條走廊上有三個工人，但是他們幾乎整天都不交流。一個接線工在這邊接線，另一個可能在二十碼之外。唯一停頓的換軸工序，間歇時間也很短，工人們很少有交流的機會。在他們之中，有二十多歲的年輕人，也有五十多歲的中年人，但是他們都說工作之後十分疲憊，根本不願意參加晚上的娛樂活動。一個工人可能突然毫無理由地大發雷霆，然後拂袖而去，再也不回來工作。

但是，棉紡織部門卻對工廠的總經理表示很高的忠誠度。這位總經理曾經是一位美國陸軍的上校，在第一次世界大戰前和第一次世界大戰中為國服役。工廠的很多工人曾經在法國的戰場上就是他的部屬，在戰壕裡接受他的指揮。他們對他的評價很高，很多人退役之後就追隨他來到這個工廠。也許是因為這個原因，他們的悲觀不會表現為對「上校」或是「工廠」的憤怒。很多人的情緒似乎來自對自身的憂鬱，這種情緒經過醞釀以後，經常會毫無徵兆地在一些直接管理者的身上爆發。

經過討論，工廠管理階層同意我們在休息時間進行實驗——上午和下午各二次，每次十分鐘的休息。我們對休息時間的改革使得工作被劃分為：工作二小時，休息十分鐘；再工作一小時三十分鐘，休息十分鐘；最後是工作一小時十分鐘。這樣改變以後，實際上在上午和下午的不間斷的工作時段都得到減少。同時，在休息時間以內，工人們可以躺下休息，我們教導他們最大限度地進行肌肉放鬆的方法。我們也鼓勵他們休息十分鐘，顯然大多數人都可以做到。

剛開始，我們只針對一部分接線工來進行試驗，大約佔全體員工的三分之一。一開始的回饋就給我們很大的希望：工人們對這種改變很高興而樂於接受，很快就掌握並且採用我們教導他們的休息方法。效果立竿見影，憂鬱症狀幾乎完全不見，工人們也停止流動，生產得到繼續，士氣也普遍得到提升。這種立竿見影的效果也不能單純歸功於消除工人們的體力疲勞，我們可以從沒有採取這個試驗的其他三分之二的接線工也取得同樣的改進中得到印證。這些工人會在吃飯的時候，與他們的同事討論這個試驗，如果試驗效果很好，他們的「上校」一定會將這種方法用在他們的身上。就在當年，也就是一九二三年十月，這個願望達成了，由於管理階層對於工人們和工作狀況的改進十分滿意，他們決定將這個作息制度的改革擴大到整個紡織部門。這也讓我們可以繼續以前無法進行的工作——計算休息時間對部門生產率的影響。

在一九二三年十月以前，棉紡織部門從未在工廠施行的獎勵制度中得到獎金，在十月和以後記錄的各個月份裡，除了一個值得注意的例外，這個部門的工人都得到薪資以外的獎金。由於我在另一方面已經描述過激勵計畫[2]，在此就不再贅述。簡單地說，這個獎勵計畫就是：如果一個部門在任何月份裡的生產量，超過之前經過計算而得出的生產量的可能值的七五%，對於這個部門的工人而言，都會在自己的淨薪資率之外，按照其超過七五%生產率的百分比來獲取額外的獎金。也就是說，如果在一個月以內，每個工人的每小時平均生產率達到八〇%，這個部門的每個工人都可以得到每個月薪資五%的獎金。正如上文所述，在一九二三年十月之前，這個部門沒有得過一次獎金。我們也無法得到實驗開始以前，也就是一九二三年十月之前的部門平均生產率的確切數字，但是管理階層普遍認為這個部門的生產率從未超過七〇％。

從一九二三年十月到一九二四年二月中旬這段時間，現場情況又發生讓人驚訝的變化。工人們的精神和身體情況不斷改善，過去單純使用獎金的薪資激勵方法沒有在他們感覺疲乏的時候產生刺激生產的作用，他們現在卻很高興，在比較容易的工作條件下，他們正在取得以往從未獲得的獎金。但是這個制度此時不是讓所有人都滿意的，現場管理者對機器還在生產的時候工人們卻在睡墊上休息這個事實很不習慣。一位管理者指出，應該讓工人們利用休息的時間增加生產。也就是說，制定一個工作限額，如果在一定的工作時間以內達到這個限額，工人們才可以休息，但是絕大多數工人每天仍然有三～四次休息。這個改革取得良好的效果，每個月平均生產率提高八二％，這個結果對那些以前從來沒有獲得獎金的工人而言，意義是重大的。

這種情況一直持續到二月十五日（星期五），當時因為產品的需求量增加，那位曾經主張利用休息時間增加生產的管理者下令放棄這個制度，結果是：短短五天以內，生產率跌到幾個月以來的低谷。二月二十二日，我們看到原有的悲觀沮喪又全部回歸，這也與生產率的下降趨勢相吻合。於是，負責管理的人員又下令在二月二十五日恢復關於休息時間的制度。雖然這個制度恢復了，但是關於利用休息時間來增加生產的觀點更明顯地被提出來。也就是此時，工人們對於休息制度開始變得悲觀，他們認為這個制度不久以後會再次被取消。即使如此，三月的日記錄中也顯示一定的進步，但是月平均值又恢復到之前的程度。

就在這個緊急關頭，公司的總經理也就是那位上校出面解決問題。**他運用自己在軍隊中學到的最關鍵的兩點：一是關心自己的部屬，二是要勇於做出決策**。他在自己的辦公室裡召開一個會議，專門討論這個部門生產率下降這個看來具有重要意義的事件。我們指出，三月缺勤現象又復發了，這個現象從十月到二月已經明顯地減少。這個現象的含義是工人們開始用「缺勤」來找回他們的休息時間，這個方法不能對他們的處境有所改善，卻引發工廠內部的混亂。針對這種狀況，我們指出，這個問題的關鍵不是工作時間被用為休息時間，而是不管你們是否給他們休息時間，他們都需要休息。進而我們提出要求，休息時間可以縮減，但是必須有系統地執行。同時，我們也指出，這個休息制度並未得到公平試驗的機會。從另一個角度來說，就是從工人們進廠工作的時候，無法知道這一天工作是否確定有四次休息。

為了檢驗我們的意見，總經理下令在四月棉紡機器每個工作日停開四次，每次十分鐘，所有工廠員工全部按照規定休息。在機器旁邊開闢四十個人休息的空間和相應的睡墊實施起來是有困難的，並且除了總經理之外，很少人相信這個果斷的改革措施會提高生產。少數人則認為：一個月時間以內，將有四十個人每天損失四十分鐘工時，這個損失是無法彌補的。他們認為，既然機器不能「加速」運轉，就沒有其他的方式來彌補損失的工時。儘管一直伴隨著這種質疑，四月的產量確實比三月更高。同時，工人們得到休息，悲觀沮喪也消失。他們工作的幹勁大為提高，缺勤也大為減少，每個工人在其薪資的基礎上，又獲得二．五％的獎金。五月以後，總經理發布命令正式恢復輪流休息的制度：主要的差別在於一條走廊中三個人為一組，由自己決定輪休的方式，保證每個工人每天有四次休息。五月，平均每人每小時的生產率都提高，六月達到當時的最高額。此後的三個月裡，這個部門的工作效率也一直保持上升趨勢。

這次調查是從探求工人轉業率過高的原因開始著手。在試驗期的十二個月之中，完全沒有工人轉業。這不是表示沒有工人流動，在業務淡季中，有些工人臨時被解雇，也有一個人因為搬家而轉換工作，還有一個人因為罹患肺結核而回到鄉下，但是像之前那樣的帶有高度感情色彩的轉業問題已經不復存在。工廠留住他們的棉紡織部門和工人，在旺季時節保持這個部門的開工率也不再存在問題。管理階層對這個改革的支持態度也表現在他們的行為上：公司為了工人們更好地休息而購買一批行軍床，同時因為行軍床不結實耐用，他們又設法在每條走廊的盡頭加設一個固定床位和床墊，讓工人們可以更舒適地休息，工人們也養成在後三次休息中小睡的習慣。從經驗來看，獲取的收益與消除疲勞的程度成正比，這也是備有床鋪的原因。幾年以後，總經理曾經公開表示，從休息制度改革開始，每年工人們的轉業率降到五％～六％，並且到紡紗機改換之前都沒有太大的變動。

我們完成這個初步工作之後，我們也清晰地知道：其實，我們的工作沒有完全找出工人們轉業率過高的原因。我們不能將改變全部歸為休息時間制度改革的貢獻，顯然還有許多其他因素也促成這種改變。例如：對於工人們說的任何話，即使是各種指責，我們也可以專心地聆聽。此外，在總經理的支持下，我們對於任何關於改進試驗和消除疲勞的最佳方式的意見和建議加倍注意。上校總經理也毫無折扣地踐行他在軍隊中獲得的聲譽，真心實意地關注他的部屬——工人們的福利。那位曾經主張利用休息時間來增加生產的管理者已經被公司辭退，這個舉措把公司對於這個問題的態度深深植根於工人們的心中。

尤其是，當時我們並未注意到的情況是：總經理已經在這些舉措之外，進行另一個重要的改變。在他的扶持下，一群孤立的人轉化為一個社會團體。在一九二四年五月，他果斷地將對於休息時間的控制權力賦予每個走廊中的工人，並且不讓別人干涉他們。這個改變使得整個團隊的工人和走廊代表的工人集合之間產生討論，他們因此產生自己是直接對總經理負責的感覺。這對於社會關係的改變產生讓人驚異的效果，甚至對於工廠之外的社會關係也產生影響。一個工人十分吃驚地告訴我們，他又開始帶著他的妻子在晚上去看電影，這是已經很多年沒有做的事情；另一個工人也吃驚地告訴我們，他成功地戒酒，而且在週末的時候也不會借酒澆愁。一般而言，用這個複雜的變化來區分此次試驗在不同方面所產生的作用是不實際的。儘管我們本來想要將這個試驗繼續下去，在當時的條件下也是應該繼續的，但是顯然沒有達成共識。因此，這次調查研究留有很多疑問需要我們去解答，但不可否認的是，這次試驗也為我們指明之後的研究方向，而且今後許多研究成果也會重新解釋我們第一次研究獲得的第一手資料。**因此，這次現場實驗可以被視為是管理革命的開始。**

可以說，我們在企業管理方面前進一大步。那些所謂的效率問題專家並未與工人們進行充分的溝通，他們從一開始就認為工人們的意見誇大其詞，與現實不符，所以不予理睬。但是這種在道德假設的基礎上對重要現實問題的輕視——無論這些問題是什麼性質，都是荒誕不經的。用這些專家的出發點——「社會是烏合之眾所組成和個人的自利本能假設」來進行問題診斷，不會有任何的結果。相反地，透過細緻而腳踏實地以現實工人們的情況作為出發點來進行研究診斷，已經為我們帶來讓人驚奇的效果。對於這些效果的意義，我們當時只能部分地加以解釋。

·霍·桑·效·應·

1. 關於這次調查更詳細的報告，參見梅奧的《空想和工業疲勞》，《人事雜誌》第三卷第八期。——譯者注

2. 參見梅奧的《空想和工業疲勞》，《人事雜誌》第三卷第八期。——譯者注

—第二章—

實驗的緣起——缺勤及人員流動過快

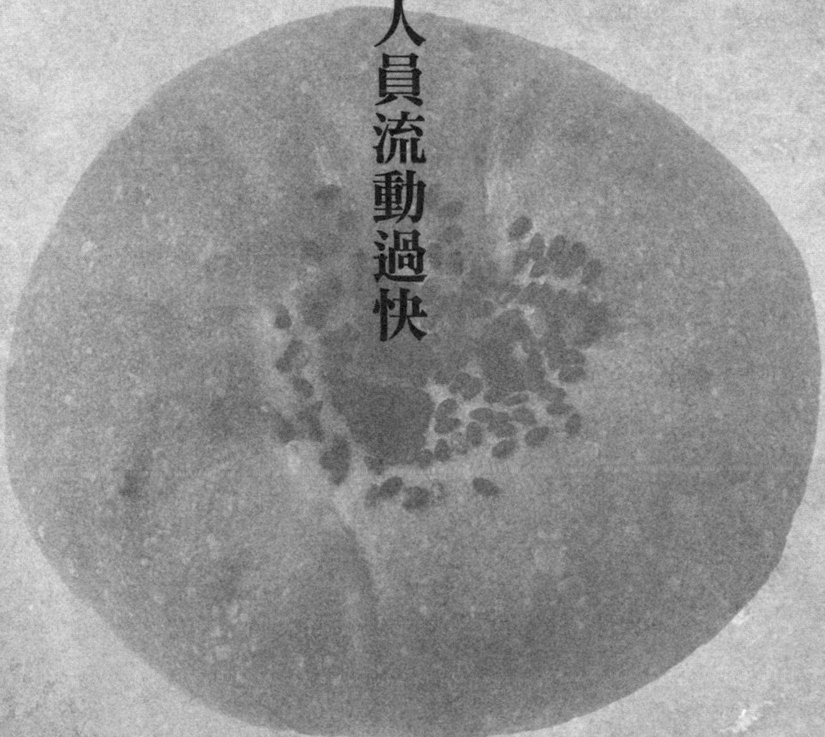

·霍桑效應·

從一九三三～一九四三年，哈佛大學的研究小組進行很多性質不同的調查。對於這些研究，我將會提到三種——羅斯利斯伯格、福克斯、隆巴德對一個百貨商店的研究；霍曼斯[1]、庫利、鮑登對賓夕法尼亞州西部失業的研究；羅斯利斯伯格、福克斯、鮑登對一個快速發展的製造業公司的研究。前兩個研究主要表述想要瞭解任何行政管理和工人們的關係，必須首先對工作團體進行充分研究的觀點，而且第二個研究要等到霍曼斯回來之後才可以很好地發展下去。我對第三個研究具有特別的興趣，它顯示一個規模正在擴張中的企業在工序上進行系統的安排的急切需要。涉及工廠的正式組織的許多問題，已經在上一章論及的經營管理上經常存在的三個問題中的第二個問題裡有所涉及。羅斯利斯伯格、福克斯、隆巴德瞭解到許多關於小規模製造業工廠在戰爭時期的擴張中所遇到的困難。許多企業，特別是在新英格蘭，它們的員工總數不足五百人的時候，企業的發展進行得很順利，因為這種企業從某種程度上將由一個人或是一個家庭來管理。它們的經營相當讓人滿意，直到戰爭時期的需要，使它們的員工數猛增到兩千人左右，缺乏工序上系統的安排使這些問題驟然突顯，這些問題必須經過深入研究才可以探求其根源。由個人或家庭經營的企業規模在兩百人左右的時候是有效的，但是一個公司快速擴張的時候，行政機構的不完整一定會引起個人決策和行為的拖沓不決和錯誤。上一章所列出經營管理上的第二個問題，即工序的系統安排問題，其重要性不僅是為了有效的工作，更在於它提供建立合作的基礎。這個事實得到廣泛承認，組織的方法問題也受到廣泛甚至特殊的注意。為了本書表達的需要，我現在要回到工業中人們的關係這個主題上，一般的假設是：**工序安排好的情況下，人們的關係也易於處理。這個假設在日常的實踐中研究人事情況的時候，經常被忽略。**

早在一九四三年，民眾突然開始關心「缺勤」現象，人們相信戰爭時期的生產率因為工人們無意或有意的缺勤而嚴重地下降。

有人為缺勤列出許多「原因」：疾病、通勤問題、家庭糾紛、消費問題……也有人說收入增加使得工人們毫無理由地在週末休息而不去工作。突然之間，這種討論在報紙、國會、民眾集會中甚囂塵上，以至於官方代理人要求我們到與戰爭有重大關係的三個金屬工業公司進行徹底的研究。這三個公司位於東部海濱一個小型工業城市，它們彼此相鄰，並且在工業上已經有近兩百年的傳統。這個地區的人口來源複雜，充斥著立陶宛人、義大利人、愛爾蘭人、加拿大的法蘭西人，還有盎格魯-撒克遜的洋基人[2]。戰爭使這個地區的人口增加大約十二%，但是當地的傳統不歡迎來源複雜和新進來的人，整個地區似乎普遍瞭解金屬工廠裡各個部門的情況。與美國其他地方相比，這三個工業城市的秩序被現代技術破壞的程度相對比較低。

我們到達這個城市的時候，卻發現當地對缺勤的恐慌不遜於其他地方。我們觀察長期生活和工作在這個城市裡的人，並且瞭解他們關於缺勤的解釋。這些被採訪者有公司的職員、工人、工人的管理人員，也會對一些偶然遇到的人進行隨機採訪。我們最常聽到的解釋是：工人們錢賺得多了，因此有本錢在週末去近郊進行短程旅行以放鬆身心，以便自己更有精力開始新一週的工作。他們為我們提供鮮活可靠的事例來支持他們的觀點，然而這些事例不能判定缺勤「原因」的影響範圍和重要性。

這三個公司的統計終究無法給我們太大的幫助，官方的公告或許可以顯示損失多少以每人每小時為計算單位的工作量。例如：如果一個工人缺勤八小時，就表示損失八個人時單位的生產量——有時候，最終折合成貨幣價格。但是經過我們的調查，最後的那個數字不完全可靠，我們看到在鑄件工廠裡損失同樣數量的人時單位，有時候可以在生產量上引起相當大的損失，但是有時候一點損失也沒有。第一種情況是由於缺勤而許多熔爐閒置不能工作，第二種情況是沒有因為缺勤而有任何熔爐停止工作。

人時單位的數字從某種程度上可以直接揭示工廠工作的健康情況。工廠每個星期都會有專門部門製作一張表格，說明每個部門損失多少人時單位，以及這種損失在計畫的人時工作量上所佔的百分比。一般來說，薄板工廠或是鑄件工廠的損失區間為一〇％～十四％，辦公室部門的損失大約在一％～二％。只要是反映生產減少或是特殊指明需要加以特別注意的事項，在表格上都有清晰的標注。這個表格也註明一個星期中損失人時單位的總數量，以及這個損失數量在計畫的人時工作量上所佔的百分比。例如：在一個幾千工人規模的工廠裡，這個損失數量在十個星期裡超過四千人的時候，這個絕對數字看起來相當驚人，但是百分比卻不明顯。**因為沒有人可以說，在對生產的影響上，辦公室的人時單位和鑄件工廠的人時單位可以相提並論，這兩者之間很難用數字來衡量它們的重要程度。**但是有一種廣泛討論的觀點是：一個星期裡所損失的人時單位，可以折合成金屬等價物的重量。這種觀點很容易看出它的荒謬之處，但是卻頑固地存在於管理者、工人們、工會組織人員的思想裡，這是透過這次調查參與者對「缺勤」問題的討論看出來的。

這個表格對我們仍然是有用的，因為管理者管理鑄件工廠的麻煩，比管理其他部門的麻煩更棘手，更是亟待解決。工廠裡的主管也告訴我們，鑄件工廠是整個工業裡的「瓶口」，因為其他部門的運作都必須依賴熔爐裡的合金供應。但是由於我們進行的研究只限於時間和人力，因而集中研究鑄件工廠的情況就成為必需的選擇。我們接受專家的意見，決定在充分研究鑄件工廠的前提下，如果有多餘的時間和人力，也會研究薄板工廠（把金屬板壓成桿子、管子、薄板的工廠）的情況。如果可能，還想要再研究一個製造金屬成品的部門，以便在三個部門之間進行比較。

關於研究方法和程序，我推薦讀者們去讀福克斯和史考特所著的《缺勤：行政管理的問題》[3]。由於官方的人時單位表格對從事分析的用處不大，因此我們決定，作為初步和簡單的指數，在所有這三個公司職員的配合下，選擇一些出勤率比較高的人。我們希望可以對一個部門裡不同的工人中發生的臨時缺勤的情況做更多的瞭解。但是我們立刻遇到困難，我們不能用統計的方法區別真正生病和假裝生病的人。經過調查，我們很快就看到缺勤原因的記錄是靠不住的。我們希望得到的是相當接近事實的資料，雖然不是完全的正確，因為完全正確僅僅存在於數學裡。在做出的實際決定中，可以獲得的最好資料也只是接近事實的資料。於是我們決定，在計算缺勤的時候，任何人連續幾天缺勤的時候才會記為缺勤一次。我們之所以採取這個方法是有充分理由的。例如，現在出版的資料證實：在美國，缺勤的最大理由是疾病或受傷[4]，與在英國和澳洲的情況如出一轍。我們的研究與疾病沒有直接的關係，因此可以選擇把連續幾天的缺勤看得比較輕，把缺勤的頻率看得比較重。這種方法可以避免很多混亂，例如：有兩個男工人在一九四二年都缺勤二十二天。其中，有一個是因為罹患盲腸炎而不能工作，連續缺勤二十二天，其他日子從來沒有缺勤；另一個缺勤十一次，每次兩天，大多是在週末。第一個工人只算缺勤一次，第二個工人要算缺勤十一次。這個簡單的方法不僅使我們的研究走上正軌，而且清晰地顯示團體的出勤情況，這種情況在任何簡單的統計中經常不容易分辨清楚。我們要研究的聚焦於不包括疾病和意外事故在內的工人出勤情況。

我們一開始就計算那些在一九四二年一整年在鑄件工廠、薄板工廠、製造部門繼續受雇的工人，他們被我們稱為「老兵」，因為這些人之中的大多數依舊在原來的公司裡工作。從公司記錄裡抽取出來的一些事實使我們感到驚異，甚至負責記錄的職員也感到驚異。例如：甲公司附屬的製造工廠（稱為丁公司）總數一百零三個工人中，三十七人全年沒有缺勤，二十六人缺勤一次，十五人缺勤二次，八人缺勤三次。值得注意的是：最大的一組是從來沒有缺勤的人，其次是只缺勤一次的一組，再次是只缺勤二次的一組。全體工人中，只有七・八％的人在這一年裡缺勤超過五次。因此我們可以認為，這些數字顯示缺勤次數很少的工人很負責，他們不能出勤是因為外在因素或是家庭環境的某些事情而被迫缺勤。我們在研究的最後階段，透過隨意訪問的方式證實這個結論。我們也聽到缺勤十次以上的三・九％的人即四個人講述的各種理由，他們佔很小的比例，因此不足以作為對整個部門工作批評的理由。

第二個例子為我們提供一九四二年甲公司和乙公司的缺勤相關數字。甲公司老兵（如前述的定義）的總數是一百六十六人，乙公司老兵的總數是四百三十三人。這兩個公司的工人中，

·霍·桑·效·應·

「沒有缺勤」和「缺勤一次」的兩組加在一起的數量，超過總數的五〇％（甲公司五六％，乙公司五四・四％）。我們再次看到多數工人遵循某種規則地從十二個月裡從未缺勤逐漸下降到缺勤五次，也看到關於一年裡缺勤在十次以上的人存在同樣的問題，雖然這個數字的佔比不大。

再以甲公司的三個鑄件工廠為例：我們發現影響鑄件工人出勤的因素對薄板工廠和製造部門的工人沒有很大的影響。工廠方面的意見是：鑄件工廠的工作條件比較惡劣，熔爐的高溫和火焰以及其他不舒服的因素是造成這個區別的主要原因。我們也知道，鑄件工廠的生產壓力確實比其他地方大，但是這在戰爭時期是無法避免的，因為工廠裡其他部門都依賴鑄件工廠供應的合金。我們看到鑄件工廠全年缺勤次數少於六次的工人百分比在甲公司是六三・五九％，乙公司是六五・六％，丙公司是七二・二％。但是工廠方面使我們意識到：在鑄件工廠裡，體力實際上承受的艱苦是缺勤的決定性因素，因為丙公司的鑄件工廠的工作條件比甲公司和乙公司的鑄件工廠好得多。丙公司設置一個新的鑄造工廠，熔爐和鑄模的操作比較方便，因此比在甲公司和乙公司的工廠裡工作舒服得多，但是在出勤率上並未表現出相應的差別。

在進行這個工作的同時，我們也準備一張三個工廠的老兵名單，在每個人的名字下記錄每個月缺勤的次數。丙公司在一九四二年比其他兩個公司明顯的優越性集中在這一年的最後幾個月裡，而且這個優越性象徵一個新趨勢的開端。甲公司的缺勤率上升迅速而持續，乙公司的缺勤率增加幅度也相當大，但是丙公司的缺勤率在一九四二年七月到九月這一季達到峰值之後就開始下降。在一九四三年的第一季，三個公司的差別就變得明顯。即使我們假定，戰爭時期生產緊張的年度裡，在勞動力匱乏和薪資比較高等因素的驅使下，我們還是必須解釋為什麼甲公司和乙公司受到上述驅動因素的影響，丙公司卻可以有力地加以控制並且轉向一個良好趨勢，我們必須繼續對每個月缺勤的工人進行更深入的研究。

我們把那些從來不缺勤的工人到缺勤五次的工人當作是經常出勤的人，透過深入調查其中不同的例子，我們發現一些情況。例如：一年中缺勤三次的可以說三次都是出於某些環境上的事故——二十多公里的公路冰凍了，孩子或妻子突然生病了，或是其他這類往往被認為是外在的因素。於是，我們把從來不缺勤的工人到缺勤五次的工人構成一組「經常出勤的人」，工人之間的差別則是出於不能控制的某些外在環境。因此，我們把鑄件工廠的工人記錄中，在十五個月裡缺勤沒有超過五次的工人從公司的名單中抽取出來。我們發現甲公司和乙公司的缺勤率在十五個月的後期上升得更快，丙公司的出勤率卻在一九四二年第三季情況大有改進。甲公司被研究工人中，十五個月裡缺勤沒有超過五次的有五十五個，但是分割成各個季度來看，這個數字從一九四二年第一季的十三次上升到一九四三年第一季的七十次。乙公司這一類的工人有

霍桑效應

七十三個，缺勤數字從一九四二年第一季的二十七次上升到一九四三年第一季的六十八次。但是丙公司七十個這樣的工人，缺勤數字卻從一九四二年第一季的二十次上升到第三季的五十八次之後，在一九四三年第一季下降到三十一次。這些數字似乎又指出有某種不良因素影響甲公司和乙公司，丙公司卻有效地控制這種因素。

我們似乎看到甲公司和乙公司經常出勤的人的行為是在退步，丙公司經常出勤的人在這個方面的進步十分明顯。因此，我們需要更深入地研究丙公司的情況，並且與甲公司和乙公司相似的情況進行比較。

無論是鑄件工廠全體工人的記錄，還是其中相對來說經常出勤工人的記錄，兩者都使我們相信，造成這種明顯差別的原因是管理方法和內部組織的某些特點。有沒有可能簡單而直接地找出這些特點？

現在，問題既然已經清楚和具體，答案也就不遠了。有三個事實，它們幾乎是同時被發現，引起我們特殊的興趣：

第一，二十年以來，丙公司一直在細心地教導領班，管理人員的責任包括兩個部分——一個是技術上的勝任，另一個是具有處理人際關係的能力。換句話說，負責培訓工作的經理們不僅教導即將成為管理階層的人員工作上的技術細節，也教導他們有條不紊地處理工人之間的關係。培訓經理給領班們灌輸三個基本規則，也可以稱為解決人際關係問題的三個方法，它們是：

（一）有耐心。

（二）傾聽。

（三）不發脾氣。

在這個基礎上，丙公司建立上下聯繫的制度，但是這個基礎的前提是：領班們要有耐心傾聽別人的話，領班們的工作也允許他們有時間去這樣做，這樣就引出第二個事實。

第二，公司為領班們安排一些技術很好的助理員，這些助理員擔負領班們日常例行的技術責任，因此給作為這個團隊的領袖的領班們充裕的時間解決人際關係問題。透過堅持由下而上的適當聯繫來作為通常的由上而下聯繫的補充，丙公司獲得許多好處。換言之，上下溝通的改進使得在其他工廠裡從來沒有搞清楚的許多問題可以適時曝露出來。例如：工廠有四行熔爐，每行由一「隊」工人操作，他們分為三班。整個團隊的薪資是按照二十四小時的出產量來計算，所以一班可以彌補另一班遇到的困難。這不僅是一種抽象的「團隊精神」，任何一班在工作過程中都會盡心盡力，毫不放鬆。在下班以前把熔爐再裝滿一些，不僅對接班人員有好處，對下班人員也有好處。公司的職員聲稱，他們合作的基礎是「團隊合作，不推卸責任」，清楚地反映「貫徹下去」的思想。

第三，丙公司所採用方法的第三部分是由領班和同班工人每個星期一起安排每個人哪一天獲得「休息」（七天休息一天）的權利。如果有一個工人不符合規定地缺勤，其他人的休息安排就會被打亂。**這個制度實行的結果是對個人產生一種壓力，這種壓力是「行政管理上從來不敢輕易行使的」**。丙公司的行政管理採取具體有效的方法來保證每個人對自己的工作感到滿意，同時也有相互之間的責任和團體合作的意識。

丙公司內部組織上的特點，使我們間接看到另一個事實。從上文所述的情況來看，丙公司的狀況有些讓人失望。我們希望觀察到更大的差別，因為丙公司的技術設備和工作條件相對來說比較好。**我們現在瞭解到，工作條件的改進雖然可能是團體合作的必要基礎，但是這種改進不一定會帶來更好的團體合作**。丙公司的新熔爐大約是在一九四一年十二月一日投入生產，但是在十二月七日，美國發生珍珠港事件。這個國家正在堅決地幫助英國抵抗納粹的侵略，卻突然發現自己捲入與德國和日本的戰爭。戰爭迅速加劇這些公司的壓力，一九四二年上半年，丙公司一直在面對艱鉅的挑戰，不僅要求鑄件工廠快速增加金屬的產量，而且要求雇用許多工人加入公司相當複雜的工作過程。丙公司於一九四一年十月開始雇用新工人，到了一九四二年的第三季，所組成的團隊已經可以自發地工作，這一點不難看出來。我們現在已經明白，這裡所引用的一九四二年的數字可能正是對丙公司特定的不利時期的真實反映。丙公司在一九四二年十月到一九四三年三月這六個月的出勤情況，證實我們觀察到的另一個事實：丙公司經常出勤的工人（少於五次缺勤）是八九・九％，乙公司是七九・三％，甲公司是七三・三％。在丙公司一百三十八個人之中，只有八人在這六個月裡缺勤多於六次，乙公司一百六十九個人之中有二十九人，甲公司一百五十個人之中有三十一人。

在一九四三年的年底和一九四四年的年初，我們又在加州[5]南部的一個重要戰爭時期工業的企業進行同樣的研究[6]。這次研究顯示的情況非常不同：加州的人口結構很不穩定，大量人口進入加州或是離開加州，也有相當數量的人口在州內遷移。洛杉磯戰爭時期勞動力委員會的職員告訴我們，每個月有兩萬五千人左右進入加州南部，每個月遷出的人數在一萬兩千～一萬四千。一九四二年十月以後，九％新進加州的人的目的是找工作。在第二次世界大戰以前，工業在加州不佔主要地位，在一九四〇年以後，包括造船和飛機以及其他項目的工業，增長速度非常驚人。例如：臨近洛杉磯的某工廠的工人數量，從原來的三千人在兩年中驟增到近五萬人，這正是一九四一年十二月到一九四三年下半年之間所有戰爭時期工業的特點。這種「爆炸」式的增長卻讓陸軍和空軍失去素質最佳的軍人，因為那些最好的技術人員和具有團隊合作精神的人員正是徵兵的最佳人選。加州的工業有別於美國東部，是一個年輕的工業，從高級管理者到工人也大多是年輕的，其工作團隊的核心很少看到年紀大和有經驗的工人。

因此，每個部門或是每一班的出勤率對我們的用處不大。工廠可能存在一個規模比較大的工作團隊，但是在我們研究的每個工廠裡，總是有一個相當大的「不經常出勤」的人數。在美國東部，我們很少看到不經常出勤的人超過一〇%（如果發現這種情況，就表示需要我們立刻進行研究），但是在加州，不經常出勤的人達到四〇%或五〇%是相當平常的。正是這些不經常出勤的人，導致很高的轉業率。

因此，我們必須離開「部門」或是「班」的團體而「深入下層」，試圖找到在日常工作中緊密合作的團體加以研究。最終，我們找到七十一個這樣的團體，並且得到可靠的資訊和出勤記錄。

我們在美國東部和中西部工業裡的經驗，使我們把在十二個月裡少於五次缺勤的人作為經常出勤的人。以這個假定來說，一方面，我們看到七十一個工作團體裡，九個是一〇〇%經常出勤，十個是七四%或是更大比例經常出勤；另一方面，不良團體的表現確實非常糟糕——通常是，根本沒有一個經常出勤的人。在這些經常出勤的團體中，我們觀察到三個類型：

第一，團體很小，從兩三個到六七個工人不等。有十二個這樣規模的團體，幾乎達到全部出勤。小規模的團體更容易發展親密的關係，而且整個團體也期待每個人都可以經常出勤。

第二，團體的規模比較大，但是有一個經常出勤的核心。例如：某個出勤率高的團體裡共有三十個工人，其中八個是老兵，他們的出勤率是八三％，另有二十二個是新手，出勤率是七八％。

第三種類型特別值得一提，它的形成是由於某個具有權威的人，或是工人們推選一個他們認為代表權威的人的有意組成。

我們再來看加州南部一個工廠裡的一個部門的情況，這些工人被譽為「像海狸一樣工作的人」。他們的領班說，他們的工作效率（每人每小時的產量）比這個工廠的平均值高出二五％。乍看之下，這個情況與美國東部海岸歷史比較久的工業區的工廠很類似。九○％的工人是經常出勤的，其中很多是從未缺勤的。除了幾次受到高溫的傷害，一些工人提出請假而不得不由公司的醫生送回家的情況。

上述團隊的情況並非偶然。直接對這個團隊負責的是一個年長的領班助理和一個「帶頭工人」，領班對這兩個人的工作給予高度的評價，但是他卻忙於技術上和組織上的細節。領班助理和那個「帶頭工人」深切相信團結是工廠裡的頭等大事，也是可持續生產所必需的條件。然而，他們的興趣不在於持續生產，相反地，他們經常對我們誇耀自己在行政工作和人事方面很有辦法。同時，他們也很有信心，在他們的團體裡缺勤和轉業不會成為問題。

「帶頭工人」的表率作用和領班助理的支持，成就這個讓人欣喜的局面。那個「帶頭工人」的很多時間是用來便利別人的工作，他的主要活動包括：第一，幫助其他工人；第二，克服技術上的困難；第三，作為這個團體和外界關係的中間人。「外界」是指檢查員和計時員以及部門的工頭。

最後兩種活動我不必在這裡討論，但是這個「帶頭工人」給其他工人帶來幫助的意義非常重要。首先，他傾聽一個新來的工人的心聲，把他介紹給自己的工作夥伴，並且設法幫助他建立和諧的工作關係。新來的工人做幾天之後，「帶頭工人」為他辦理一張通行證，帶著他去參觀生產線，使他瞭解自己在整個機器裡負責的職務。其次，「帶頭工人」還要聽取老工人和新工人傾訴的任何問題。「帶頭工人」說，生產線上的管理，甚至最上一層的行政管理，無法足夠瞭解人事問題上隨時變化的新要求。他說，在這些日子裡，人們的思想比他們過去的更複雜，「強制的方法是行不通的」，他在自己的團體裡舉出許多例子來印證。值得注意的是：他的團體裡，有許多成員對工廠其他方面很不滿意，如果不是某些公司職員引導他們到現在這個部門工作，他們早就轉業了。此外，一個有意思的現象是：這個部門裡的工人在與我們談話的時候，經常說「我們」，這個工廠的其他部門的工人卻總是習慣說「我」。

以上述及的團體，如果按照現在的路線發展下去，一定可以表現出現代工業的特點。這個團體的成員有有色人種，也有加州人、奧克拉荷馬州人、阿肯色州人，還有很多其他地方的人。我們真的很詫異，在戰爭時期來自美國全國各地，包括東部、中西部、加州的有色人種和其他人毫無障礙地被吸收在同一個工作團體裡，結果他們確實「形成一個團體」。我們不準備在這些少數例子的基礎上做出任何結論，但是作為一種觀察，這些事實在一定程度上值得我們思考。

我簡單敘述的四個例子與我主張的論點關係如此密切，以至於許多人會認為這些例子是特地為這個目的而選擇出來，但是事實卻不是這樣，我認為工業研究部記錄的任何例子都會有同樣的說服力。我的同事們已經出版的著作所提供的資料就足以證明這一點，而且將來還會繼續這樣做。我沒有挑選某些特定的事例並且有意忽略其他的事例來支持我的論點，我相信我們第一手得到的每個事例都是典型的證據。以往關於工業中的理論和實踐存在對問題性質普遍的誤解和對有效補救辦法性質的誤解。我的選擇有兩個理由：第一點是相對次要的，我選擇的事例是自己直接感興趣並且持續關心的；第二，我認為所選擇的事例對工業情況的概念可以有所貢獻，對我們的思想有所啟發，甚至可以改變我們的思想方向。

這種啟發的性質是什麼？我想，這個問題可以做以下解答：

霍桑效應

第一，面對工業企業裡的其他人事情況，行政主管們要接觸交往的是組織緊密的團體，而不是一群烏合之眾。只要是因為外在環境導致這類團體無法組成（例如：一九四三年的加州），直接結果就是工人轉業率和缺勤率過高。工人們要與他們的夥伴在工作裡繼續合作的願望是人類很強烈的訴求，行政管理上如果忽略這種願望，或是有想要壓服這種人類衝動的愚蠢企圖，都會立刻引起行政管理的徹底失敗。**在費城，效率專家假定經濟刺激是最重要的，這個假設是不正確的。在組成工作團體的條件沒有齊備之前，經濟獎勵的辦法根本不會發生作用。**

第二，相信一個人在工廠裡的行為可以根據對他就業之前的技術能力和其他能力的測驗而做出大致判斷的觀點是錯誤的。考察這個人和別人相處的能力以及在團隊裡的適應力，反而可以得到更好的結果。普遍的情況是：就業之後，他與「團隊」的關係將會決定他具備的能力可以發揮到什麼程度。在霍桑實驗室裡，最有成績的工人是二號；在電話接替機的生產線上，有名的動作不俐落的工人是四號。但是在好幾年的實驗中，後者在很多方面幾乎與前者相同。她為了要完成自己的生產數量，需要付出很多的努力[7]，但是在實驗上向最優秀的工人靠近以及與其他同事和諧相處的願望，形成支撐她的動力。

第三，管理者如果不把工人們看作是普通的烏合之眾，而是按照研究顯示的情況來處理事情，所獲得的結果是驚人的。在費城，轉業率從原來的接近二五〇％降低到接近五％，生產力逐漸提高，浪費也有所減少，缺勤問題不再嚴重。在加州，一個帶頭的工人號召一群工人在流動率極高的環境裡維持生產。此外，希望與別人合作和融入組織的熱切願望依然是每個人的本能，因此明智和確實的行政管理應該充分利用這種願望。這些事實顯示我們可以解決這些問題，雖然解決的過程可能非常緩慢，但是我們畢竟已經開闢一條可以有效處理變化的工業文明中發生的社會問題的道路。

1. 霍曼斯，海軍少校，曾經在美國海軍後備隊服役。——原注

2. 洋基人，美國南北戰爭時期南方人給北方人取的綽號，後來成為美國北部各州人的俗稱，即「北方佬」的意思。現在，「洋基人」一詞在美國國內和國外有兩層意思。用於國內，是指新英格蘭和北部某些州的美國人；用於國外，泛指所有美國人。——譯者注

3. 參見一九四三年《商業研究》第二十九號。——原注

4. 參見英國《緊急時期報告》第二號，以及醫學研究委員會工業衛生研究局的《工作時間，損失的時間和勞動力的浪費》（倫敦，國家出版局，一九四二年）。地方上得到的數字也是如此。——原注

5. 加州位於美國西部，南鄰墨西哥，西瀕太平洋。加州別稱「金州」，面積四十二・三萬平方公里。——譯者注

6. 參見梅奧和隆巴德的《加州南部航空工業中的團體合作和勞工轉業》（哈佛大學商學院研究所，《商業研究》第三十二號，一九四四年）。——原注

7. 參見懷海德的《產業工人》第一卷。——原注

第三章

霍桑工廠和西方電器公司

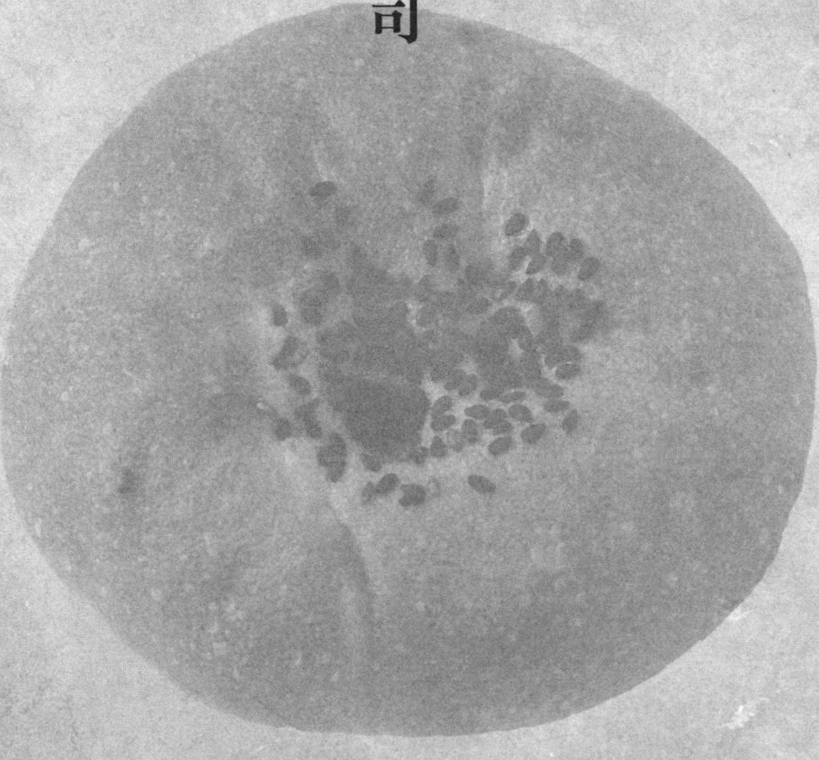

·霍·桑·效·應·

我們不能認為這幾章所選取的供我們討論的案例是哈佛大學工業研究所全部研究成果的報告[1]。在未來，和我一起從事這項研究的同事將會提出更多的相關研究報告，這些報告的論述將會比現在的敘述更讓人信服。我們之所以選取某個案例的原因，主要是因為我們從這個具體工業領域的經驗中獲得更深刻的認識；這裡將會提出的一些調查研究，都是曾經對我們研究所的研究發展產生明顯的作用。在這些調查中，最具代表性的可能是與西方電器公司的霍桑工廠的職員們一起合作五年多的試驗調查。在費城，我們幸運地找到一位陸軍上校出身的總經理，他勇於推進那些具有決定性影響的試驗，而且在試驗以後，也不懼怕對試驗的結果進行果斷的執行，更重要的是：他的行動在工人們看來，是為了他們的利益。更具體的是指：他認為控制工人們的休息時間是合理的，並且因此贏得工人們對於他和他代表的公司自發的忠誠。可以說，我們在霍桑工廠遇到同樣一類工程師，儘管他們是應用科學和工作管理方面一流的專家，但是他們仍然願意探究為什麼人際合作關係不能由管理者嚴格地科學規定的原因。

在敘述此後工業研究的過程之前，我必須在這裡簡要描述霍桑工廠的基本情況。假如按照工人的意見和工廠對工人真實福利的關心程度來排名，西部電器公司肯定名列前茅。與同行相比，西部電器公司工作時間比較短，薪資比較高；工廠設有員工餐廳，飯菜可口，價格便宜；外來客人總是被行政管理人員帶到這個餐廳用餐，讓他們嘗嘗為工人們準備的食物；還有一所裝備良好的醫院，設備齊全，醫務人員資質很高；人事部門盡心盡力，引導工人們在工廠就業，統計數字顯示他們做得極為成功；二十多年以來，這裡從來沒有罷工或是嚴重不滿。毫無疑問，這裡的整體士氣不管用什麼標準來衡量都是高昂的，公司在員工心目中很有威信。更不用說，公司為員工們制定各種儲蓄和投資計畫還有休假制度，以及許多諸如此類的措施，足以顯示其決定最大限度實現人性化管理的意圖。要說起這些事情，用一章的篇幅是不夠的，需要一本書才可以，這樣就會偏離我的主題。

我不會再贅述那些已經被充分闡釋的事實，對此感興趣的人們可能已經熟知我在哈佛大學的同事羅斯利斯伯格和西部電器公司的迪克森共同撰寫的關於這個試驗的正式報告——《經營管理和工人》，但是這些感興趣的人們可能沒有發現我的另一位同事懷海德關於這個方面的論著——《產業工人》[2]。如果沒有讀過這本書，你會很不幸地錯過今後十年以內將會遇到的管理問題的初步解決方案。我在這裡所指的問題是那些涵蓋工作團隊的形成和重新建構的過程中所遇到的問題，這些問題對於戰後社會合作關係的重要性尚未引起人們的重視。如果大家有意瞭解這個方面的問題和解決方法，可以特別關注這些書，我在此的討論只關注這些試驗得出的一般結論。

西方電器公司的優秀工程師沒有被其設計的「照明對工作影響」實驗沒有達到預期效果所擊倒。這個科學試驗的各種條件是很完備的，包括實驗室、控制室、試驗流程的設計以及其他條件，都得到適當的控制。但是結果卻讓人困惑，他們舉出兩個實例來說明：實驗室的照明燈光加強的時候，產量上升，但是控制室的產量也隨之上升。反向操作，實驗室的照明燈光調暗，從十支光源變成三支光源，產量仍然是上升；與此同時，控制室的照明條件不變，產量也仍然是上升的[3]。更多的試驗也無法得出相應的結論，儘管過去我們會很容易地認為照明對工作是有影響的。

如果是物理或是化學方面的問題，現代社會的工程師都知道怎樣去改進流程和校準誤差。但是如果涉及工人們最佳工作條件確定的時候，往往就會把其交給習俗和教條以及某些類似玄學的觀念來解決。在現代工業中，管理上存在三個一般性問題：

第一，把科學技術應用於物質產品的生產。

第二，系統地安排工序。

第三，組織中的團隊合作。

在最後一個問題中，我們應該考慮到在一個適應型社會中，對工作條件的團隊合作不斷改進的方式改變了。

在三個問題中，第一個問題是經常性試驗的主題，具有很大的權威性。第二個問題在實踐中可以得到充分發展，但是與之前的兩個問題相比，第三個問題似乎被完全無視。然而，如果三個問題的平衡被打破，整體看來，這個組織將不會有所成就。正如巴納德所說，前兩個問題的作用是使一個組織更有效果，第三個問題的作用在於使其更有效率。越是龐雜的組織，越依賴於這個組織中每個成員的通力合作。

潘諾克先生和他的同事開始建立實驗性的「測試室」的時候尚未知悉這種看法，但是照明實驗的失敗使他們注意到需要對實驗室裡除了明確的工程和工業設施之外所發生的情況加以詳細的記錄[4]。因此，他們的觀察不僅包括工業上和工程上的變化，也包括心理上或醫學上的變化，以及某種程度上社會學和人類學的變化。這些記錄採取日記的形式，盡可能詳細地記下每天的實際情況，這些記錄對於懷海德在整理資料和更新生產量的變化以計算的時候，被證明是相當有用的。這樣一來，他就可以將產量曲線上的異常現象，直接聯繫到當時的工作日或是工作週發生的實際情況。

·霍·桑·效·應·

1. 這個研究部門的研究工作的簡單敘述和研究結果，參見本書附錄。——譯者注
2. 參見《產業工人》（哈佛大學出版社，一九三八年劍橋版）第二卷。——原注
3. 參見《經營管理和士氣》第九～十頁。——原注
4. 關於這個實驗布置的詳細報告，詳見羅斯利斯伯格和迪克森合著的《經營管理和工人》，以及懷海德的《產業工人》第一卷。——原注

—第四章—
初期實驗

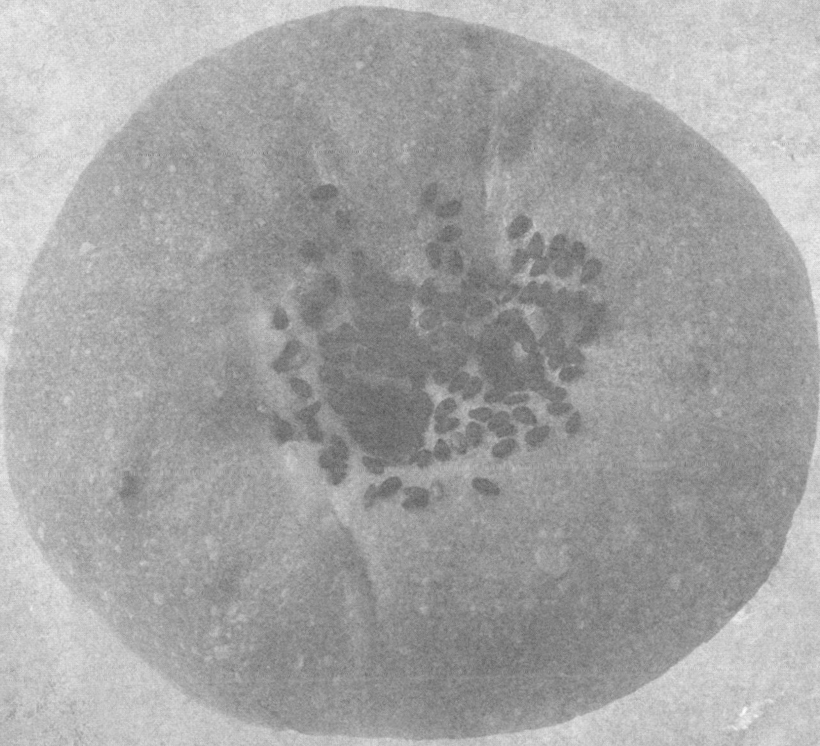

·霍·桑·效·應·

一九二六年，我涉足這個實驗的時候，我的同事從經驗中發現，可以將精心設計和實施一項對人們的工業化問題的調查系統地組織起來，但是他們沒有徹底說明這一點。在長達三年的時間裡，西部電器公司與國家科學研究委員會（The National Research Council）[1]合作，試圖對工人及其工作環境和照明效果進行評估。這些實驗至今沒有任何官方報告發表，因而也不可能從中引述關於其使用的方法和獲得的成果的任何文字章節或段落。但是我確實知道，調查的一個階段涉及兩組工人，他們在照明條件相同的兩間房屋內做同樣的工作。實驗中，只在其中一間房屋內，逐漸地慢慢降低照明度，記錄各個照明程度下的產量，以便與另一個仍然充分照明的房間的產量做比較。然而實驗的目的未能實現，這是因為無意之中，相互依賴的各種因素不知道發生何種複雜作用，工作組織之間的均衡被打破了。

這個失敗並非毫無意義，部分是由於這個失敗的刺激，實驗者們又做出進一步的實驗。但是，除了這些問題之外，還有許多非常重要的具體問題，管理者希望得到不受到自己觀點影響的客觀回答。當時，研究疲勞和單調及其對工作和工人的影響風靡一時，是否有可能清晰闡明這些工業化條件下的事物究竟產生什麼作用？進一步說，任何擁有和管理成千上萬員工的公司，自然要制定自己的管理方法和「政策」，但是公司管理員工的方式通常沒有任何讓人滿意的實際價值標準。機器如果效率低下，可以用某種方式表現出來，但是管理人員的方法卻難以顯露，其根源——原來只是習慣和實用，而不是出於智慧。諸如此類的各種考慮，導致一九二七年四月進行第二次調查，或者說是一系列的調查。

人們對於這些事實已經很熟悉。首先，在我們實驗室開始工作的時候，我們想要取得工人們的積極配合。經過一段時間，特別是原來的技能程度在兩端的工人退出，新工作平台的工人進入團隊並且擔任其非正式領導之後，這一點得以實現。正是從這個時期開始，懷海德或是羅斯利斯伯格和迪克森提供的論據也顯示這些人已經由一群零散的個體而變成一個團隊，他們全心投入到這個機會中。其次，我們每隔一段時間對工作條件做出一項改變：休息時間的次數和間隔、縮減工作日、縮減工作週、在上午供應食品或咖啡。我們也得到滿意的效果：產量記錄（作為福利指標）由最初的緩慢上升到後來的急劇上升。與此同時，團隊中的女工人也顯示她們工作的疲勞感有所降低，不再感到那麼吃力。無論這些說法是否適當，她們至少表達出在實驗室比在其他部門更滿意。在計畫的進行過程中，我們做到採取任何舉措以前先跟工人們溝通協商，她們也做到對管理方面自由表達而知無不言、言無不盡的程度。我們一共採取十二項不同的試驗條件，改變以後又回到原來的工作條件——沒有休息，沒有加餐，也沒有工作日和工作週的縮減。在十二個星期以後，我們又安排這個團隊回到第七期的工作條件——上午有十五分鐘休息時間和加餐，下午有十分鐘休息時間。現在大家已經瞭解這中間的經過：在第十二期，每天或每週的產量比其他時候更高（每小時的生產率調整略微下降一些），十二個星期「沒有下降的傾向」。接下去的一期是回到第七期的工作條件，產量曲線提升到更高的程度：第十三期一共持續三十一個星期。

第十二期和第十三期的情況證明產量的增加不是與試驗條件的變化相互對應，其中一些主要的變化是導致產量逐漸上升的主要原因。除了某些次要的限制條件，例如「個人的休息」之外，第十二期雖然在名義上恢復到原來的工作條件，產量曲線卻繼續提升。實際上，這不是完全恢復到原來的條件。這提醒觀察者注意另一個事實：第七期、第十期、第十三期在名義上的工作條件都是完全相同的——上午休息十五分鐘和一頓加餐，下午休息十分鐘，但是每個女工人每週的平均產量分別是：

第七期——兩千五百單位。

第十期——兩千八百單位。

第十三期——三千單位。

第三期和第十二期相似，都是全日工作，沒有休息時間，但是女工人的每週平均產量是有差別的：

第三期——少於兩千五百單位。

第十二期——多於兩千九百單位。

我們可以將這種情況與照明試驗進行比較，同時也讓我們與費城的試驗聯繫在一起：那裡的棉紡織部門的一個試驗小組的工作條件改進不僅提升這個小組的士氣，其他沒有改變工作條件的兩個小組的士氣也得到提升。

這個過去經常被我們留意的有趣結論，現在已經毫無神秘之處。我經常聽到我的同事羅斯利斯伯格提起，那些主要的試驗條件改變的時候，團隊負責人總是要設法取得工人們的合作，因為他們為了實施這些試驗，必須緊密地掌控整個形勢。實際的結果是：參與試驗的六個工人結成一個團隊，這個團隊完全是自發地在試驗中達成通力合作。他們最終感覺自己是自由而自願地參與到這項工作中，並且在工作中，他們很高興地得知他們進行自己的工作不會受到上下級關係的掣肘。他們對試驗的結果也是驚詫萬分，因為他們過去在從事同樣工作的時候承擔的壓力更大。在這一點上，他們與前文提到的棉紡織工人的情形是類似的。

·霍·桑·效·應·

從這個問題可以引申出值得管理者密切關注的兩個命題——工作團隊組織和使這些團隊成員可以充分自由地參與到影響其團隊任務和目的的活動中。

1. 國家科學研究委員會（National Research Council），是美國國家科學院（United States National Academy of Sciences）的執行機構，組建於一九一六年，主要職能是對重要科學研究項目特別是具有社會效益的專案給以資金等方面的支援。——譯者注

—第五章—

訪談實驗

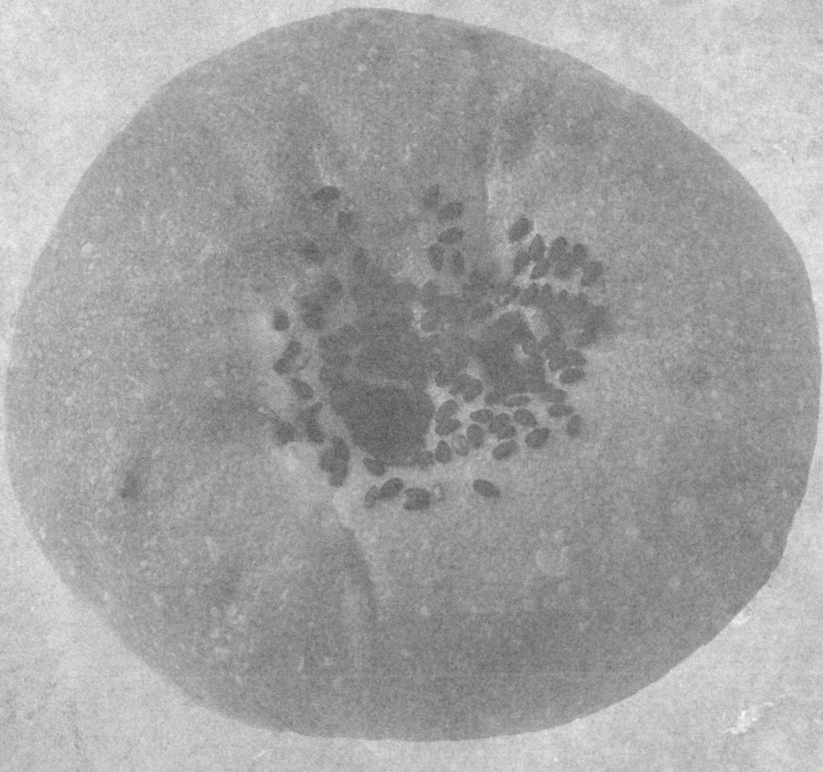

當時，我們還是無法得出結論：對於實驗室和其他工廠部門工作條件的改變所導致的準確區別，無法清晰地瞭解。因此，公司管理階層決定再瞭解實驗室範圍之外的其他部門，他們認為在這些部門中一定可以觀察到一些重要的現象，這些現象中就有值得試驗注意的地方，於是產生訪談計畫。

訪談計畫旨在研究在實驗室裡不存在的「阻礙」和約束的性質究竟為何。在兩年半的時間裡，我們訪談兩萬人，調查研究經歷以下幾個階段：

（一）首先，它在本質上是工業領域的調查，特別是試圖發現工人們感受到的「阻礙」和約束是否與管理人員的工作方法缺陷有關。

（二）研究過程曾經被一個情況困擾，那就是訪談中聽到的相關人員的意見不完全可靠，不能以之為據來改革行政管理政策。為此，我們參考許多關於交談溝通的心理學理論，並且試圖將那些意見中的扭曲或誇張成分與提出意見者的個人經歷和社會環境聯繫起來。在這個階段，調查研究傾向於弱化外部和社會情境（Social situation）的作用，加強對個人的心理學分析和精神分析。但是我們也掌握訪談的可靠技巧，發現幾位本領高超的訪談者，這可以算作是副產品。

（三）在第三階段我們又發現，進行不折不扣的匿名訪談，儘管可以瞭解到一些個人的背景，但是使得此項研究喪失將這些意見和提出意見者實際所處工業環境聯繫起來進行分析的機會，也就是將這些意見與特定的職業條件實際聯繫起來分析的機會。因而，最終所做的方法創新是試圖透過訪談和直接觀察，同時對一組工人中的每個人進行研究。在一個特定工廠裡，觀察每日每週發生的事件，觀察變化中的群體關係，以得到一個背景。根據這個背景，可以解讀和理解小組成員在訪談中表達的許多意見。

在實驗之初，我們很快就發現回答式的訪談在這種情況下是毫無用處的，工人們確實是願意談話，但是必須在其保密性得到保證以後，並且可以與代表公司或是具有權威的人士進行自由的交談。這個經驗的本身是不平常的：在這個世界上，很少人可以與真正做到理解、專注、耐心而不加己見的傾聽別人意見的傾聽者進行溝通。要做到這一點，需要我們對訪談者進行培訓，訓練他們如何懂得傾聽、不輕易提出意見和建議、並且保證可以讓談話者毫無阻礙地表達自己的想法。因此，我們制定一些大概的訪談守則來指導訪談者的工作，這些規定大致如下[1]：

·霍·桑·效·應·

（一）應該拿出全部精力去關注受訪者，並且隨時表現自己對他的注意。

（二）傾聽——不要說話。

（三）絕對不辯論，絕對不出主意。

（四）傾聽：

1. 什麼是他要說的？

2. 什麼是他不要說的？

3. 什麼是需要幫助他才會說出來的？

（五）當你傾聽談話的時候，要概括面前這個人所展示的類型，以備以後校正。為了檢驗自己傾聽的內容和總結的類型是否正確，應該隨時注意總結對方的談話，並且將總結內容請他檢視（例如：對他說「你剛才是不是這樣說？」）。這樣做的時候要更小心，目的在於將聽到的談話弄清楚，但是不要添加自己的意見或是歪曲附會。

（六）隨時記住對訪談的任何一句話都要保密，不能對任何人透露（不妨礙在研究的同事之間進行討論，也可以在某種條件下公開發表，但是要隨時小心）。

不要認為這種訪談是簡單易學的。確實有些人，無論男女，天生具有這個方面的天賦，即使是這樣，他們在開始的時候也難免會有一種挫敗感，產生無處著力的感覺。訪談的重要原則（重要的原因是可以由其發展成為處理人際關係的能力）有兩點：第一是在之前提到的規則（四）已經指出的引導受訪者用談話的方式來表述他以前無法表達的意見和態度；第二是規則（五）指出的訪談的時候要隨時注意總結之前的談話，並且請受訪者檢視。訪問者可以有效地做到這兩點的時候，已經掌握相當高的訪談技巧。**但是我再強調，訪談的技能不是輕而易舉就可以學會的，它要求訪問者可以隨時跟隨受訪者的思維，並且可以理解其談話在他的語境中的含義。**

我不認為研究團隊的任何一個成員或是其他相關人員可以預知這個訪談計畫的直接後果。我們經常聽到大家這樣說：「這是公司所做的事情中，最好的一件」或是「公司早就應該這樣做」。這一切好像表示，工人們已經在等待這個時機，可以無所顧忌地自由表達他們對於公司現狀的各種意見，不受到工廠各個部門關係的限制。但是真正找到一個具備以上這些技能的受訪者來傾聽工人們的意見，並且可以引導他們將自己無法表達的思想和情感自然表露的能力的訪談者，可能是對於大多數人而言，之前從未有過。

我之前曾經指出在初期研究中，訪談者必然會遇到的兩個問題：

（一）一種可以被稱為個人無能為力的經驗，是否通常是工業組織附帶的產物？

（二）現代化工業城市生活是否以某種還是無法說清楚的方式使工人們產生不知所措的反

應[2]？

我也指出，這兩個問題會以某種方式一直縈繞在研究團隊每個人的腦海裡，直到這個研究結束為止。

經過十二年的進一步研究，雖然還沒有結束，但是其中一些發展值得我們注意。例如：在一九三二年，我闡述以上這番話的時候，沒有完全認識到現代文明社會的結構是如何受到科技、工程、工業領域發展的深刻變革。這個深刻變革的影響，也就是從定型社會變革到適應型社會的過程，這給管理和個人帶來許多無法預知的問題。管理領域的問題在現場管理者的工作中表現得最明顯。管理者不再是與一些曾經多年合作或是人生中熟知的人在一起工作，而是變成一群聚散無常的個體的領導者。現在我們如果要和自己工作團隊中的每個人建立一對一的聯繫，可能也是十分困難的，但是如果這些人結成一個充分合作的團隊，聯繫起來就相對容易得多。舉例來說，在後一種狀態下，管理者只要對團隊中的一個成員做出適當的指示，他的指示就可以很快地由這個成員在團隊中貫徹傳達；但是在前一種情況下，他必須一對一地進行反覆指示，即使這樣還是經常會被誤解。

對於個別工人而言，問題會更嚴重，因為他在現實生活和思想領域中完全失去安定感。所有人的安定感都是在作為一個組織的成員來保證，如果我們喪失這個保證，不是任何經濟利益和職業保障可以彌補的。個體處在由於工作內容和機械流程的不斷變化而引起組織變化的情勢中，就會不可避免地體驗到一種虛無感，因為他們無法再像其父輩一樣，享有夥伴和安定感帶給他們的快樂。在這樣的環境下，個人的緊張感日趨加重，這些緊張感有一部分是毫無根據的，也造成他與工作夥伴和管理者的關係日趨緊張。雖然我們現在還沒有遇到極端的狀況，但是科技的迅猛發展所引發的產業變革的加劇，正在迅速地向這個方向發展。

人們採用現場研究主要有兩個目的：首先是取得與事實緊密聯繫的知識和處理事實的技能；其次是在此基礎上將現場研究的對象細分為幾個方面，並且將其與實驗研究相互對應。利用實驗方法進行研究的時候，如果因為某些意料之外或是尚未考慮其中因素的影響而遭遇一些失敗的狀況，聰明的研究者應該返回現場，對研究對象進行重新研究，進而找出這些意料之外的決定性因素。霍桑研究小組的成員經過實驗室的十二個實驗期之後，也遇到這種狀況，他們自己也知道。這個訪談計畫就是他們從實驗室重新回到現場研究的表現。與所有現場研究一樣，這種意料之外的決定性因素不會很容易就立刻找到，這是從一個觀察到另一個觀察的緩慢發展過程，所有的觀察都是重要的——逐漸地形成一個複合的結論。這個緩慢的發展已經在《經營管理和工人》一書裡被詳細論及，我們在這裡可以按照發生的次序，將不同觀察大致簡單列出如下：

·霍·桑·效·應·

公司管理者起草一個簡單的聲明，寥寥數語，並且在談話開始之前向每個受訪者宣讀。這個聲明旨在向工人們保證，他們的談話絕對不會被他的管理者和其他不在訪談小組的公司成員知道。在多數情況下，工人們並未留意這個聲明而是立刻開始訪談，好像對此懷疑得更多的不是受訪者而是訪談者。也有許多工人，我們還不能說是多數，因為我們沒有統計，看起來還在顧忌是否與面前的傾聽者展開自由談話。談話不僅僅限於和公司相關的題目，這是每天訪問匯報最初的觀察結果。研究小組開始談到對「情感放鬆」的需要，又談到一個人將其問題表達出來以後對自己的各種益處。談話的題材也是五花八門，一個工人兩年以前被其管理者尖銳地批評工作不正常。在訪談的時候，他解釋這種狀況的出現是因為事情發生的前一天晚上，他的妻子和孩子不幸去世，這完全是意外狀況。當時，他並未加以說明，事後又沒有機會進行解釋。他詳盡地向訪談者表述這件事情的來龍去脈。無論如何，他將這件事情說出來，對自己有很大的裨益。這個例子比較特殊。一般而言，比較常見的是一個工人更願意談起自己的家庭和教會及其工作團隊中的夥伴之間的關係和問題，他們談論的主題往往是在自己看來最難處理的，這也啟發我們之後的調查。顯而易見，各種問題或多或少地取決於當事人的態度，這種態度上的差異正是出於其過去的經歷和現在的處境，更常見的情況是同時出現在這兩個方面。例如：一個女工人在一次訪談中，說到她發現自己討厭一個管理者的原因是因為他有些地方與其討厭的繼父很相似，出現這個管理者曾經提醒訪談者這個女工人難以對付的情況就不會奇怪。但是這個女工人發現自己討厭這個管理者是毫無理由的時候，情況也會為之改觀[3]。這一類事件使訪問小組細心地研究每個工人的個人情況和態度，「情感放鬆」和「個人情況」這些名詞就成為概括觀察第一步的適應稱謂，正是由於這些方面的改觀讓訪談者重拾對工作的興趣。就在此時，研究工作與對研究工作的觀點之間產生背離。

那些已經具有十六年工作經驗的訪談者總是將重點放在特殊的個案，也就是個別工人的特殊情況，而不是放在那些工作團體或是訪談中具有的一般性的代表性實例。根據我們的統計，這些特殊的個案在兩萬多個受訪者中的比例只佔二％。這種著重點的錯誤是不可避免的，引起這種錯誤有兩個原因：第一，這些特殊的個案中富有戲劇性的特點似乎可以證明這種方法收效甚大；第二，訪談者普遍認為這種訪談方法是一個熟練的訪談者必須經歷的訓練。第二點在我們現在看來依然具有重要意義：一個熟練的訪談者必須經歷這個階段，才可以真正耐心地傾聽受訪者的所有談話以及領悟其表述的意思。訪談計畫的這個階段和醫學領域的治療其實很相似，這個過程中也很容易有所發現。如果我們的觀察沒有發現「情感放鬆」的益處，以及個人問題由其自身經歷和目前處境所制約的現象，我不相信這個研究會得到真正的發展。即使我們超越個人心理治療層面的研究而進入對於工業組織的研究，還是應該注意所遇到的特殊狀況，必須知道怎樣去應對這些問題。儘管如此，我們還是不能拋開訪談計畫的這個方面，它還是具備其原有的重要性。但是工業研究一定要超越個體治療的層面，並且由於從定型社會轉變為不斷變化的適應型社會的過程已經使很多人喪失安全感，因此針對這個問題的進一步研究顯得至關重要。

研究團隊也在逐漸轉變自己的態度，在堅持對個人的細緻研究的同時，引入對團體進行同樣的研究。一個偶然的事件曾經對採取研究的新方式產生很大的作用：在實驗室開始實驗之前，我們原來想要付諸實驗的一個最早的問題是關於工作中面臨的疲勞問題。後來，我們遇到一個聲望很高的工頭，他也對這個問題一直心存疑慮，於是來到當時正在大範圍進行採訪工作的研究小組。他認為，自己所在部門的女工人在機器上工作一天之後一定非常疲乏，他希望我們對他所在部門進行調查。後來，訪問者發現這個工作部門有一個習慣，那就是他們大部分的工作都盡量趕在上午做，到了下午效率就會下降。在此之前，這個工頭不知道這一點，於是我們對兩種可能性直接加以檢驗。負責研究的人員和工程師悄無聲息地進行一個實驗，他們暗地裡測量在某一段時間裡這個部門開動的機器所消耗的電力，這個數字可以反映工人們完成工作的總量。測驗的結果與女工人在訪問中所說的話完全符合：上午消耗的電力遠遠超過下午。研究小組進行的這項實驗更強化研究者們已經注意到的一個事實，那就是整個工作團體實際上決定個別工人的產量。他們有一個心照不宣的標準，就是在心中認定一天的工作量，但是這個標準大多數情況下低於效率工程師的標準。

為了驗證這些觀察，我們對觀察室進行最後一次實驗[4]。同時，大家也明白這些事實不包含「限制生產」這個名詞中所暗指的幹勁不足的意思。相反地，在現代大規模工業背景下，行政管理和工人之間不能自由溝通的必然結果是工作團體中心存戒備。效率工程師致力於改進工序的組織是一件好事，但是他企圖在這個名目下掩蓋合作的問題不太合適。這個時候，他試圖解決努力合作的組織中發生的許多人事困難，他不管工人們自己有什麼樣的看法，生硬地採用組織原有的方法。這個步驟必然阻礙上下溝通，也與他自己美好的訴求背道而馳[5]。

這個觀察雖然很重要，但不是訪問者的主要問題。**人和人之間日常生活上的關係所形成的團體的存在和影響，成為最讓人關注的重要事實**。工業訪問者必須學會區別和分辨自己聽取的工人談話中哪些是「個人的」情況，哪些是團體的情況。例如：一個在談話中有誇張歪曲之詞的人經常是孤獨的，通常是那些無法融入團體的人。這些是特殊的事例。此外，雖然在訪問的時候存在歪曲事實的因素，但是普遍來說，工人們談到工作與談到個人的篇幅差不多相同。因此，訪問在上下溝通中所產生的影響不限於個人，而且擴及團體。

在一個工業企業裡有兩個女工人，最近廠方要提拔她們，條件是如果她們接受提拔，就要離開自己現在的團體而到另一個部門工作。她們拒絕提拔的機會，工會代表對她們施加壓力，聲稱如果她們不改變初衷，工會組織者將會放棄對她們的努力。於是，這兩個女工人勉強改變自己的決定而接受提拔。這兩個人立刻引起訪問者的注意，因為她們喜歡原來的團體，她們享受非正式的成員關係，她們感覺適應新團體和新環境是一件很艱難的事情。從這件事情的過程中，我們看到親密的組織對於團隊成員的作用。後來，我們觀察到這兩個女工人在克服對新團體的適應困難以後，有效地幫助這些新團體重新組成一個強有力的團隊。

在最近的另一次訪問中，一個年僅十八歲的女工人向訪問者抱怨，她的母親總是慫恿她對主管她的管理階層要求「提拔」。她表示拒絕，但是她對母親的忠誠和母親對她不斷施加的壓力讓她非常苦惱，影響她的工作以及在工作上與別人的關係。她把這個情況告訴一個訪問者，實際上對她來說，「提拔」就表示要她離開自己日常相處的夥伴和同事。雖然與這裡要討論的主題沒有直接關係，但是不妨多說一句，經過向訪問者談論自己的情況，她最終決定平靜地向母親說明自己不願意「提拔」的原因。她的母親立刻理解她的心情，不再對她施加壓力，那個女子也回到有效的工作狀態。這個最後的例子也說明在訪問中我們應該如何打破與受訪者之間的隔閡，但這不是我現在要討論的題目，我要反覆強調的是：人們古老的願望是想要維持人和人之間的合作和團結，如果我們不能想出一套行之有效的系統性方法來幫助人們毫無困難地從一個熟悉的團體換到另一個團體，這個古老的願望將會使一個適應變動的社會發展變得更複雜。

但是在早期的調查中，我們不可能得到這樣的觀察。研究小組注意到的重要事實是：一方是公司職員團隊，另一方是不相關的個人，通常認定的兩者之間存在的關係是完全錯誤的。**在一個順利經營的工廠裡，行政管理不是與每個工人直接聯繫的，而是與工作中的團體相互聯繫。**在每個部門，工人們自發形成各個團體，有自己的習慣、責任、日常例行生活，甚至有自己的儀式。行政上的成敗與否，取決於它是否毫無保留地被這種團體當作權威和領導。例如：在霍桑的輪班裝配實驗室，就出現這樣的事例。行政管理者與女工人協商，解釋清楚要進行實驗的理由，並且在某些問題上接受工人們的意見，不知不覺地在兩個重要的人事問題上獲得成就——這些女工人自發形成一個自治的團隊，這個團隊全心全意配合行政管理上的指示。這個實驗室負責許多重要的實驗項目，例如：休息時間、一天工作的時間、伙食，但是毫無疑問，最主要的項目是關於團隊合作和合作這個領域的問題。

在這個時候，研究小組出版一本名叫《怨言和不滿》的書籍，作為在公司內部發行的專刊。它仔細地敘述訪問者在訪問過程中累積的不同經驗和不同情況，特別提示那些怨言很少的工人所提供的產生不滿情緒的線索，這些對團體以及個人非常適用。經濟學家和工業家通常會把怨言集中分析，並且試圖做邏輯上的推論，訪問小組卻幾乎不注意這些，而是在重新研究具體的情況中尋找這些表現的來源。**程序正確的方法是診斷，而不是辯論。**

這裡可以引用最近出版的《昆廠勞工》[6]的一個例子。戰爭期間，中國的工業被迫從沿海的上海遷移到內地的昆明，工業的實際活動還要依賴從上海和其他地方內遷的技術工人。這些技術工人明白這些工作離不開他們，進而得到相當高的聲譽。但是在他們之中還是充滿不滿情緒，例如：他們不斷故意在公司食堂裡摔飯碗以表達對所供應伙食的不滿，雖然公司食堂的伙食比工廠外面的飯菜品質好，而且價格便宜。在訪問中，工人們直言不諱地承認他們的伙食不差，他們不是對伙食不滿意。真正的原因是：技術工人團體和管理者之間的關係非常惡劣。

這些管理者之中，有很多是從美國留學歸國，教育程度在團隊中遙遙領先。現在在美國，我們已經知道過去那種把工人當作簡單的烏合之眾的觀點已經過時，但是留學歸國的中國工程師和經濟學家不知道這一點，認為只要一個工人不完全受到「經濟動機」驅使就是搗亂份子或是討厭的人，中國工人卻以摔飯碗來對抗這個可笑的信條[7]，雖然對伙食的抱怨在集體交涉中的用處不大。

這個情況不只發生在中國，而是每天都在世界各地的工業企業裡發生，並且匪夷所思地得到國家權力的批准以及律師和經濟學家的幫助。這些經濟學家的所作所為顯示他們認定工人們只是一群烏合之眾，而且相信物質刺激是人類唯一而有效的動機，他們以毫無價值的邏輯假定來代替實際的事實。

此外，透過大量的訪問，訪問小組認識到，絕對不能用非理性的動機來代替理性的動機，以感情來代替邏輯。相反地，被調查的怨言和不滿正好顯示對此進行深入研究的需要，這是一種實事求是的科學態度，應該摒棄一個陳腐理論的歪曲影響。有趣的是，某些工業家因為受過嚴格的經濟學理論的訓練，想要摒棄霍桑實驗的研究，因為它是「理論性」的。殊不知，霍桑實驗對事實不具成見地進行研究是值得頌揚的，武斷地做此批評的人卻不加判斷地接受已經過時的理論。

霍桑實驗的訪談計畫從一九二九年開始，原本打算把工人們看作一堆個人，研究他們工作的舒適問題，後來在研究過程中逐漸明確工作團體和經營管理的關係是大規模工業裡的基本問題之一。正是這個研究，明確我們主張經營管理上的第三個主要問題，即如何去組織團體合作，也就是如何去發展和維持合作。

最後，在整體結論中，我們有必要列舉一些實際觀察到的情況：

第一，早期的發現是訪問工作可以幫助個人丟掉無用的感情包袱，並且把自己的問題明白地說出來。這樣一來，他就會想出解決問題的好方法——這樣比別人為他想辦法更有效。我已經在討論「情感放鬆」、個人歷史、個人處境對個人態度影響的時候舉出實例。

第二，訪問工作已經表現出它可以幫助個人與他日常接觸的人，例如：工作夥伴和管理人員相處得更輕鬆和更滿意。

第三，訪問工作不僅幫助個人與自己團體裡的工人合作得更好，也可以使他與管理階層進行更好的相處，這一點似乎與費拉德爾非亞上校的行動非常相似。（以工人來說）某些代表非工人團體立場的訪問者會幫助工人們與自己的團體相處得更好，工人們由此對自己所在的團體甚至更高層級的組織感到滿意，組織也對工人們的工作表現感到滿意，這是非常重要的雙贏局面的開端，現在要看行政管理上如何明智地利用這個開端。

第四，除了上述的三點之外，訪問工作對於訓練本國和全世界的行政人員從容面對未來困難有極大的重要性。我們的訪問者不具備權威，也不採取行動，因為只有正式的權威才可以透過正式的途徑採取行動，但是訪問者卻可以促進這個通道自上而下和自下而上地有效溝通。首先，這種溝通清除感情上的歪曲和誇大；其次，訪問者的工作也幫助在各種怨言之外的不滿正確而客觀地表達出來。

這類工作可以幫助聰明和敏感的青年男女，假以時日，他們就會自然發展出成熟的態度和判斷。人類生來就有樂於無償運用自己的思想和經驗去幫助別人的願望，我們的工作正是幫助人們更清晰地表達自己的感情，這種努力非常有意義，應該被視為現在大學課程中的必修課。毫無疑問，我們應該訓練青年男女可以明確地表達自己的知識和思想，但是如果他們將來要成為管理者，我們更需要訓練他們仔細傾聽別人說話的態度和技巧。只有懂得怎樣去幫助別人正確地表達自己的意思，才可以擁有做出真正成熟的判斷所需要的許多品格。

最後，我應該重申以上已經說過的話，已經證明訪問工作對經營管理來說是具有極大價值的情報來源。現代大規模的工業裡三個經常存在的問題之前已經述及，即：

1. 把科學和技術應用到某些物質的產品上。
2. 系統地安排工序。
3. 組織持久的合作。

一個管理方面的代表說，訪問的結果只是個人的或主觀的。在現實生活中，會有很多人仍然認同這種說法，這個管理代表是在告訴我們，他曾經受到的訓練教導他把所有的精力集中在前兩個問題，即技術和工序的系統安排問題上，完全忽略第三個問題。以這樣的一些人來說，對一個問題所得到的認識不會成為一種知識，因為他們不能理解這個問題存在的根基。正是這種無知或是有意的忽視，造成出乎意料的罷工或是其他的困難局面。存取方法可以有效調查一個部門裡工人之間實際合作的程度，揭示這種團體中是否有合理的管理政策[8]。霍桑調查至少把這些最重要的工業爭論提出來，為發展診斷的方法以及在特定的事件中進行治療，做出一些試驗性的探索。

1. 關於這種訪問的詳細討論，參見羅斯利斯伯格和迪克森合著的《經營管理和工人》第八章。比較概括性和可能比較不專門的討論，參見霍曼斯的《工人的疲勞》（紐約，萊因霍爾德出版公司，一九四一年版）。——原注
2. 參見梅奧的《工業文明的人類問題》（紐約，麥克米倫公司，一九三三年版）第一一四頁。——譯者注
3. 羅斯利斯伯格和迪克森合著的《經營管理和工人》第三〇七～三一〇頁。——原注
4. 羅斯利斯伯格和迪克森合著的《經營管理和工人》第四部分第三七九頁。——原注
5. 關於這一點更多的例子，參見馬修森的《沒有組織的工人對產量的限制》，以及梅奧的《工業文明的人類問題》第一一九～一二一頁。——原注
6. 參見史國衡的《昆廠勞工》（哈佛大學出版社，一九四四年劍橋版）。——原注
7. 參見史國衡的《昆廠勞工》第八章第一一二～一二七頁，以及第十章第一五一～一五三頁。——原注
8. 我們知道，現在很多人在實際處理人事情況上具有高度技巧性，這種技巧通常來自於他們的經驗，屬於一種直覺的東西，而不是輕易可以傳授的。——譯者注

第六章

人際關係的激勵與士氣的提振

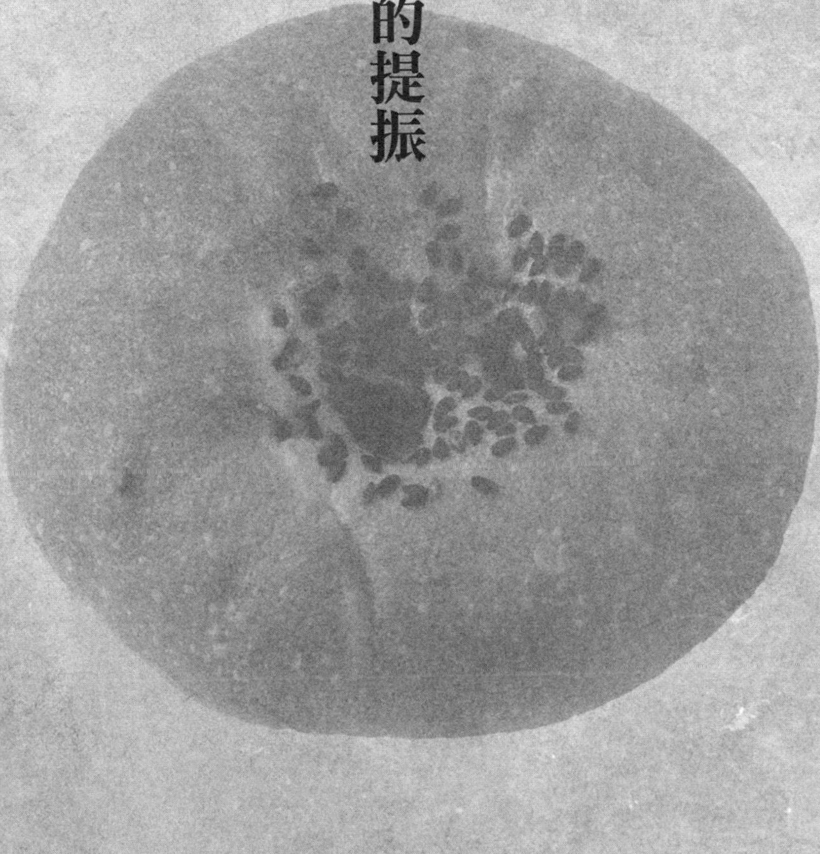

·霍·桑·效·應·

前文中我們已經說過，霍桑工廠在實驗之前就是一家福利很好的企業。在某種程度上，對生產線上的工人來說，工廠幾乎就是一個神話般的實體，這在訪談中可以找到許多證據。工人們對工廠具有信心的第一個或許也是最好的證據是：二話不說地立刻接受對於受訪者身分保密的保證。在最早的階段，要求每次訪談在正式開始之前，都要向受訪者說幾句解釋性的話語和對身分保密的保證。訪談計畫開始以後，訪談人員做這種解釋和提出保證有時候就顯得有些困難。工人們希望甩開這一套，立刻開始談話。在訪談計畫的晚期，談話的技巧已經全部成熟，這個時候偶爾會遇到一個工人，他對自己的上級管理人員滿腹怨言，但是他不歸咎於公司。相反地，他急切地講述自己的故事，相信如果自己的情況被充分反映上去，公司或是某個足夠級別的上層官員會向他提供救濟。對於匿名的普遍保證，可以很愉快地再多說一句，這一點一直做得很好，公司沒有辜負員工們的信任。

一家公司如果公平而人道地對待自己的職員，那裡的士氣會普遍高昂。正是這種狀況，使得研究和相關結果有如此重要的意義。在士氣低落和意圖不明的工業機構中，這樣的調查是不可能的。只有在最高級的企業中，才有可能展現從未被分析的人們的存在問題，其深度是在一般的工業機構中無法達到的。

對調查研究做出這樣的全景觀察之後，現在回到細節上。之前已經說過，在訪談中得到的對工廠物質條件的批評意見是相當可信的，對個人的批評意見卻並非如此。對此，訪談團隊有些尷尬。用正確或錯誤的簡單二分法對訪談中獲得的意見進行分類，意義不大。希望從訪談資料中得出一幅關於工廠內部情況的明晰圖景，這個想法被直截了當地拋棄。研究部門認識到，必須努力研究人們以及人與人之間的關係。訪談必須被看作是個人性格的曝露，例如：他的經歷，他的思想態度，他的優點和缺點。但是，如何才可以不僅僅是曝露思想，而是深入下去，從對一個人的泛泛瞭解到形成對這個人以及相應的管理方法的深入認識，這些問題急需回答。

第五號操作員：

是產量與個人情緒關係的特例。A點、B點、C點，與個人環境的改變和個人的思想態度有關。

第一號操作員：

一個「情緒緊張」的例子，她最終從公司離職。同樣地，在「焦慮」於個人情況的時候，這裡也存在一週接一週的明顯產量波動。

·霍·桑·效·應·

第一個線索來自測試工作室。由於對每個工人進行更細緻的觀察，所以有可能將個人狀況與產量記錄聯繫在一起，這在任何普通工廠中是做不到的。這些工人按照預先的計畫，安排在

雲母拆剝測試工作室

（西部電器公司-霍桑工廠-芝加哥）

每週平均小時產量

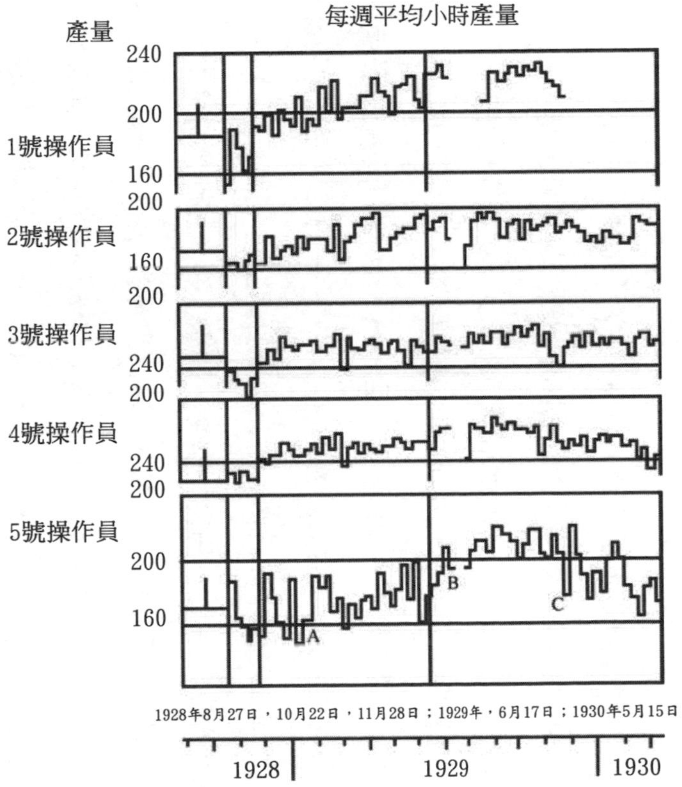

繼電器組裝和雲母拆剝測試室做這兩項常規操作。正是因為可以將個人狀況與產量記錄聯繫起來分析，才可以從對雲母室中的首批產量記錄的研究中，得出很有意義的觀察結果。我在此處列出的圖表（見上圖），顯示的是連續各週中每個工人的平均小時產量。請讀者注意，在這個圖表的時間起點上，雲母工作小組已經結束前兩個實驗期間和時間為二十四週的第三期實驗。在那段時間裡，他們每天有兩次十分鐘的休息時間，上午和下午各一次。讀者或許還記得，在那個時候，由於研究部門不能控制的情況，實驗工作小組承受巨大壓力，加班工作，經常週日也工作。除此之外，從產量記錄中還可以看出，工作環境的改變和小組在工作之間休息，帶來產量的增長。但是再仔細觀察產量記錄很容易看出，第一號工人和第五號工人的工作業績顯示出明顯的不規則性，這種情況在第二號、第三號、第四號工人身上從未發生。從其他資料（例如：工作日誌、記事清單、最初的交談）中可以看出，第一號工人和第五號工人一開始就是「神經兮兮的」。她們的年齡和經歷大不相同：第一號工人，四十歲，寡婦，有兩個孩子，在學校的表現很好，她做拆剝雲母的工作已經有五年；第五號工人，十八歲，未婚，住在父母家裡，「受到嚴格的家長約束，尤其是母親的嚴格管教」（母親是東南歐人），拆剝雲母的工作經驗只有一年多。年長的第一號工人，既聰明又謹慎，對於「兒童福利」問題有很多想法，朋友很少，對自己的孩子極為注意。簡而言之，她「焦慮」（overthink）自己的處境，確實帶有強迫症的性質。第五號工人，那位年輕女性，雖然也是心事重重，但是其具體情況與前者大不相同。她怨恨父母的嚴格管制，尤其是自己不能像其他女性那樣生活，不能按照自己的意願交朋友。她不像那位年長女士那樣積極主動而且煞費苦心地「焦慮」自身的處境，雖然如此，她有自己還不成熟的思維方式，對長輩管教的怨恨或是其他讓人「頭疼」的事情，使她心事重重。這提示我們（儘管只是提示而已），在五個工人中，有兩個人是在沉重壓力下工作，其產量記錄應該顯示出明顯的不規則波動。我們知道，這兩個人與其他三個人相比，當時是深陷於個人特殊情況之中。

這兩個工人，都是在吞嚥人際交往不足之苦果，她們與其他人的人際關係存在缺陷。那位年長女士（即第一號工人）的狀況，存在個人的因素，這樣就排除任何以簡單調整來補救的可能性。那位年輕女性（即第五號工人），難題集中於一個外部的衝突：那種家長管制，不管在東南歐是如何讓人敬佩[1]，但是在芝加哥郊區卻屬異常，產生的作用只是封閉通往快樂生活和個人發展的所有路徑。所以，對於後一個事例，有可能透過改善實驗測試工作中的人際氣氛，透過擺脫束縛而愉快閒聊來解決。但是對於那位年長女士，這些方法卻是不成立的。

第二個線索，我要提醒讀者注意這位年輕女性在測試室與新同事們交往的一年多時間裡的工作業績表現。她的產量記錄可以大致分為三個時期：第一個時期，產量波動現象達到最嚴重的程度，沒有或是很少有改進，時間大約為二十三週（圖中A點）；第二個時期，是產量波動減小和稍微改進時期（圖中A點至B點），時間大約為十九週；第三個時期，不存在明顯的產量波動，產量明顯提高，時間大約為十五週，直到一九二九年年底（圖中C點）。在第一個時期，她在閒聊中與同事們談及的，總是個人的怨恨和煩心的事情，或是自己的處境。在第二個時期，全小組的人都知道她與母親之間的問題，但是卻淡然處之，當作人類學家所稱的「文化衝突」，而不是事關個人處境的問題。這種態度不僅使她感受到一種同志式的情誼和人際間的支持，而且弱化那些衝突下的個人怨恨和誇張因素。到這個時期的末尾，她驚訝地發現，補救的辦法原來是在自己的手中。她有足夠的錢可以獨立生活，並且是舒適的生活，她可以不住在家裡，而是與朋友合住宿舍。她下定決心這樣做，並且付諸行動，於是無形之中伴隨而來的，是第三個時期的工作業績持續提升。

至此，如果除了實驗範圍以內的那些直接條件變化之外，研究部和公司官員沒有觀察其他變動，很明顯，產量曲線在這裡表現出來的波動，可能就是直接源於測試室中工作條件的變動，或是「學習曲線」效應[2]。她的業績提升可以間接地歸因於這些條件變動，但是這種影響非常間接，以致產量提高不可能全部是由實施工間休息或是改善人際關係氛圍帶來的。在某種程度上，產量的提高是人與人之間的同事情誼和相互交流的結果。而且還不止於

·霍·桑·效·應·

此，產量的提高是由於生活方式發生的重大變化。生活方式的改變，不僅使那位年輕女性擺脫母親對自己成長的不斷干預（這對於生活在芝加哥的年輕人，怎麼說都是不公平的），而且使她可以在相對更平等的基礎上與家人和年長者交談。離家獨立生活對產量的影響最大，這又被以後發生的事情證明。過了一段時間，經濟狀況迫使那位女性回家住。這樣一來，她的產量曲線再次下降，出現曾經發生的不規則波動，儘管在那段時間，實驗室的工作條件是保持不變的。對於這個有趣案例和其他類似案例的進一步討論登載於官方報告中，這份報告由哈佛大學工業研究部的羅斯利斯伯格（F.J. Roethlisberger）與西方電器公司研究人員懷特（H.A. Wright）和迪克森（W.J. Dickson）合作，現在正在整理出版中。

這不是研究部門發現的有關產量、士氣、沉重精神負擔之間關係的第一個事例，卻是一個相對而言比較客觀和最有說服力的事例。它使得訪談團隊逐漸認識到，根據從私密匿名的訪談中瞭解到的這類或是其他類似的個人狀態的許多事例，可以合理地假定，此類事情的發生本質上與雲母測試工作室中發現的情況是一樣的。顯然，這種類型的人比起那些處境比較好的人，更不善於對付任何壓力。這裡所說的「壓力」，千萬不能被解讀為只是指加班和冷漠無情的監管，與同事們關係不友善或是單調和重複的工作，所有這些也可能激發不正常的表現和不理智的反應。認識到這些，訪談團隊開始努力理解受訪者在訪談中陳述的可靠性存疑的個人意見。有一次，在訪談中聽到這樣的評論：「在家裡沒有什麼好事，在這裡（即在工廠裡）又受到欺負，為什麼我總是這麼倒楣？」考慮到這類意見（它們不罕見）的存在，調查研究部門開始相信：

1. 家庭不和諧以及感到自己「倒楣」的人，不是工廠環境的可靠評判者。
2. 他或許陷入一個惡性循環：因為在任何事情上都感覺自己「倒楣」，因而任何事情都會增強自己遭遇厄運和受到欺負的信念。
3. 不瞭解這種人的經歷、他現在的狀況、他的思想方法和現實思想，不可能適當「對待」（handle）他。

皮埃爾・讓內（Pierre Janet）[3]對強迫性思維（Obsessive thinking）[4]的研究，是引領此項工業調查新方向的首要理論學說。

有一種精神性神經病（Psychoneurotic ill），在所有心理學學派看來都屬於精神疾病。從最一般的意義上說，它是源於環境因素和教育缺陷。這種病患，法國學派認為是強迫症（Obsession），佛洛伊德學說認為是強迫性神經症（Compulsion neurosis）。以其自身而言，這種疾病不是機體組織本身出現問題，正如癔症和精神病（Psychoses）不是器質性疾病。有許多病例，透過再教育或是心理「分析」的方法是可以醫治的。這種疾病的主訴，就像以上提到的強迫症或是強迫性神經症這兩個名詞形容的那樣：個人不能控制自己的思維反應，他被某種思想「左右」，這種思想讓他感覺具有一種「強迫」力量，植根於他的焦慮之中，甚至自己也意識到這種觀念是荒謬的或是不真實的。心理疾病極端病例的病情是嚴重的；稍微輕一些的病例，滲透交織於我們的全部文明之中，這或許是我們時代的主要精神殘疾。兩位英國研究者：庫爾平博士和史密斯博士（我在本書已經引用他們的著作），發表一個對工業中的這種疾病病例的調查，題目是「神經質性格」（The Nervous Temperament）[5]。他們這樣描述中等程度的強迫症病人：「症狀主要的特點是：非理智的意識驅動。患者述說自己被迫思考某種想法……與其抗爭（就算抗爭是可能的）得到的懲罰是高度緊張……罹患這種症狀的人們的陳述言詞，幾乎總是從字面意義上就可以顯示出他有病（強迫症）。這種疾病具有長期困擾的性質，某種違抗自己意願的東西，不時佔據他們的思想，強迫他們按照特定方向思考……平時很難發現這些人有病，因為疾病的症狀可能不會反映為平時的非正常行為……他們很少表現出精神失常狀態。他們深深認識到自我控制的作用和重要性，他們想盡辦法自覺地實施這種自我控制。他們傾向於過度工作，給人們一種專門挑選最困難的事情去做的感覺。精神崩潰發生的時候，人們通常將其歸因於過度勞累，然而過度勞累只是一個症狀，而不是精神崩潰的原因……**強迫症患**

者大多智力超群，有些人地位很高，但是他們為之耗費大量精力的精神衝突，似乎阻礙他們實現最高的效率。」

以下，在描述一個職位很高的強迫症患者的典型行為的時候，庫爾平和史密斯說：「他意識到犯下錯誤的責任，所以檢查自己的工作，但是即使在理智上確信一切很正常，他在情感上仍然不能滿足。他被迫一遍又一遍地檢查……假如時間由自己掌握，而且沒有什麼東西阻止他在強迫狀態下的反覆檢查，他會做得很好，並且由於工作努力，從同事那裡贏得幾乎是宗教般的崇敬。但是如果他進入一家商業公司，在那裡他要在別人的命令下放棄自己的做法，他的精神壓力將會非常大，崩潰幾乎無可避免……教科書中描述的強迫症行為都是嚴重病例的表現，但是在霍桑這個調查研究項目中，強迫症思維更多的是間接瞭解到的。研究部缺少與更嚴重病例打交道的實際經驗，很難掌握強迫症的性質和嚴重性。它們很容易被遺漏，但是如果發現，又是相當明確的……其表現（即強迫性觀念）與詳盡逐點的產量記錄（即在測試室的工作業績記錄）之間的緊密關係，是顯而易見的……」

法國和德國的精神病理學（Psychopathology）學派關於這種強迫症思維的病理學觀點大不相同，但是與通常的看法相反，這兩種學說之間不存在固有的或是內在的對立，而是相互補充的。法國學派，特別是它的奠基人和闡釋者讓內，主要關注的是強迫症思維的樣式；德國學派的興趣在於強迫症患者在想些什麼，他是怎麼開始這種思想。讓內強於其他精神病理學家之處在於：他可以詳細描述強迫症患者在症狀嚴重發作的時候不能對思維過程加以控制的技術性障礙。佛洛伊德滿足於將患者不當的或是執迷的觀念的根源和強迫行為的根源，回溯到幼年時期的悲涼景況和病態成見之中。

從工業和社會研究者的角度看，讓內最重要的兩篇論文是《精神性強迫症》（Les Obsessions Et La Psychasthénie）[6]和《神經論》（Les Névroses）[7]，後者是一本書。在這本書中，他總結自己對癔症和強迫症的研究發現。在這些研究中，他堅稱（而且毫無顧忌地舉例說明）強迫症的主要特徵是完全不能對目前環境尤其是社會性環境做出適當反應。即使是自己獨處，這些病人也對任何需要做出決定或是採取行動的事情心存恐懼而力求躲避。讓內更詳盡地描述這種無能為力的時候，首先指出正常人的日常思想關注，都涉及高度的組織化和複雜的平衡。提到關注，通常總是認為它基本上就是一個簡單事實，即它是精神活動的特定類型。我們做出這種假定，是因為機體組織正常和精神健康的個人，很容易關注於周圍世界的許多方面，甚至沒有意識到只有掌握什麼樣的複雜控制過程才可以做到這一點。讓內說，我們的精神生活「不只是表現為接踵而至的現象，形成很長的系列……而是每個依次而來的狀態在現實中都有複雜的組成，它包括大量的基本事實和所有這些因素之間的平衡[8]。」既然它表面上的一體化，只能說是源於綜合體自身，源於注意力的平衡，源於假定存在的組織性，因此我們可以主動地將自身關聯於周圍的真實世界，隨之而來的結論是：任何個人，這種能力在某種程度上減弱，但是其他方面的精神狀態沒有受到損害，就會痛感自己的能力缺失和思維虛幻，又使他更悲慘地意識到自己與別人不同而自慚自卑。讓內指出，強迫症患者是「持久性注意力分散」（Perpetually distracted）的事情，他們很難集中注意力，或是很難「建立觀念中的秩序」9，難以「固定和維持注意力」是「他們的主要困擾」。隨著主動注意力的弱化，無意識的注意力就會擴張，簡單的行為如果開始，就會無法停止10。庫爾平和史密斯在自己的著作中提到有些人對自己的工作反覆檢查，這種行為因而總是被當作是一種病態。這些病人很不信任描述性的研究，認為此種研究方法存在一些事實的問題。他們偏好的是觀念，最好是抽象的觀念11。他們對長時間討論樂此不疲，討論來討論去，全無結果。他們討厭生理學，但是沉溺於心理學，成為可怕的形而上學者。他們不能將自己的各種能力組織起來，以致注意力分散，「認識現實的功能」（讓內的說法）減弱。除此之外，他們的病症「沒有損及智力運作能力12」。從這一點又可以推斷出，他們知道自己的能力缺失，還有在無力採取行動的時候，也知道空想的危險後果。「猶豫不決的煎熬」（Agonies of indecision）這個術語，是由某個對強迫症病人心理狀態非常熟悉的人發明的。一個罹患強迫症的士兵，被問到是否願意轉往另一所醫院的時候，緊張和失眠八個小時，因為他無法做出決斷，最終請求軍醫為他做出決定。另一個住院的女性患者，探訪者偶然問她是不是「感覺好一點」，在探訪者離開以後，病人考慮各種回答方案達三小時之久，然後情緒崩潰。還是這個病人，早晨外出散步，走進一個公園，然後在公園內一圈圈地走個不停，最後在行走中哭起來，因為她不能決定是不是走出公園。他們在最小的事情上「一絲不苟」，做出決定的沉重負擔，是擔心可能犯下重大過失的負擔。他們總是對顯而易見的事情費盡心力，再三思考。他們以處理小事的誇張精確性，來取代大事上的行動。對這些大事，他們無能為力，或是感覺自己無能為力。

當然，這類研究對霍桑訪談人員沒有直接的意義。原本可能期望在訪談中引入的那種個人之間的私密交談方法，即使只交談兩個小時，也會發現許多強迫症患者。但是我認為可以比較準確地說，在全部兩萬多個接受訪談者中，最多只發現十幾個人，他們顯然應該去看精神病醫生。然而，此項調查研究的目的從來不是要去發現精神錯亂的人，而是要回答這樣的問題，即堪稱正常的人，他們的意見中存在誇大和扭曲的傾向，其根源何在？

研究團隊之所以關注讓內的學說，是因為以下事實：第一，讓內沉痛地說明，真正的強迫症病人，偶爾在緊急情況下挺身而出指揮一切，在此期間，他不會表現出強迫症症狀。讓內的一個最值得稱讚的患者，在一次國內危機的三個月內，沒有任何優柔寡斷和空想或是其他無所作為，但是在需要緊急行動的事件過去之後，又舊病重發[13]。第二，讓內詳細地說明，一個本來根本不是強迫症的人，也會在對他來說重要的情況下，對經受的明顯的個人不足做出強迫症性質的反應。

對個人自身與其周邊環境之間平衡的任何大規模擾亂，都可能對他的思想造成強迫症的後果。誘因可能是機體的失衡，其中之一是疲勞，或是在人際交往中感到個人卑微的經驗。不管是哪種情況，他會暫時表現出強迫性的幻想，徒費心力的優柔寡斷，病態地執著於虛幻的個人問題。假如他不能充分「想通」自己所處的環境，並且據以調整行動，將會開始「焦慮」自己的處境，執迷於虛幻的選擇，正如強迫症患者那樣[14]。在這樣的思維混亂期間，甚至最精明能幹的人也會失去自己平時擁有的對注意力和思維或是幻想的控制力量。他對現實環境特別是人際關係環境的快速適應能力將會減弱，在那樣的時刻，他無法避免對自己和其他人的誇張和扭曲的思考。

讓內對個人能力喪失造成精神錯亂的描述，似乎為如何更好地理解在霍桑的許多訪談中得到的關於人們的扭曲意見，提供一個可能的線索。研究部受到這個啟發，跟隨讓內的思路提出兩個問題：

（1）一些經歷，那些可能被看作是帶來個人卑微感的經歷，是在工業組織中工作普遍發生的嗎？

（2）現代工業城市裡的生活，是不是以某種未被察覺的途徑，預先決定工人們的強迫症反應？

這兩個問題總是在困擾霍桑研究的負責人，直到調查給出答案。

前一個問題首先引起研究部的注意，他們從訪談中聽到的關於管理人員誤解和誤會的各種故事中，發現一些證據。有時候，這些故事長年累月佔據工人們的內心，卻找不到任何機會充分表達出來。兩個實驗室的經驗，也傾向於證明這個假說，即工作環境以某種方式，阻礙而不是推動使人滿意的個人調整。兩個測試室的年輕女性操作員幾年以來提出的許多意見，似乎都是在講述自己如何從以前受到的約束和「干涉」中解脫出來。還有某種精神錯亂的特殊案例，表現為對公司政策的批評。在測試室研究的早期，一個工人突然變得坐立不安，公開表示她不喜歡這個實驗。她被允許撤出，也找來替代人員。後來，重新研究這個案例，人們注意到，原來那個工人的體格檢查已經顯示，她的紅血球數量比較少，血紅蛋白比例只有六八%。有關官員找到她，告訴她罹患貧血症，並且給她治療。再次體檢顯示，她的紅血球數量稍有減少，血紅蛋白比例幾乎沒有變化。經過治療，情況很快好轉，紅血球數量和血紅蛋白比例都改善。在隨後的交談中，她否認自己從前對公司的批評。她還說，在提出這些批評的時候，自己「感覺疲勞」，這種表現被認為可能是由於她的身體器官出現問題。

重視上述第一個問題的同時，對第二個問題所提出的方向，也進行一些初步的探討。第二個問題是：生活於現代工業中心，對個人能力和思想有何影響？儘管讓內很擅長於對現狀的描述，但是他從未關心不同個體的非理性思維或是輕度憂鬱傾向的起源。因而，霍桑研究部門也會多少求助於重視個人經歷的佛洛伊德理論，並且更多重視社會人類學（Social anthropology）的最新發展。來自哈佛大學人類學系的一位研究人員已經提醒人們注意，只對部門內的個人做心理學的研究，在邏輯上是不充分的。實驗室和臨床心理學研究關注個體，關注他的職業能力或能力缺失，他的社交「適應」（adjustment）和「失調」（maladjustment）。這些研究將是而且始終是極其重要的，但它們只是觸及對個人進行研究的邊緣而已。組成一個工作單位的個人，就不僅僅是個人，他們形成一個群組。在這個群體中，眾人建立相互之間、對管理者、對工作，以及對工廠政策的關係的慣例規則。在特定群組內經常發生的「人際關係失調」（Social maladjustment），可能表示對工作關係和人與人之間關係的慣例規則的失調，而不是指個人的初級非理性行為。訪談人員注意到，一個能力不強或是不能很好地對人際關係進行調整的人，在適合自己和支持自己的人際環境中工作的時候，可能表現為有能力和正常的。相反地，一個非常有能力和完全正常的人，在不適合自己的環境中工作的時候，也會表現得沒有能力和不正常。兩個實驗室的實驗都證明這樣的理論：工業中失調的發生點，是在人員、工作、公司政策之間的關係的某些地方，而不是在某個人或某些人身上。在兩個實驗中，新組建工作單位的人員在訪談中比較多地表達個人卑微感一類的意見，從兩個實驗中都可以明顯看出，這些人在工作中沒有建立充分而簡單的群組關係。

在形成這種想法的同時，研究部（此時已經被當作是目前形勢下調查研究新方法的代表）被要求對一個特殊部門進行研究，一些最有經驗的訪談者（他們從事此類工作數年，從中獲得工作技巧和批判性的反省能力）被指派做這項工作。這個調查研究發現的情況是如此有意義，以至於研究小組的注意力從個人性格和經歷上，轉回到工業環境條件上。這樣一來，就開始西部電器公司調查研究專案的最後階段。在這個階段，就有可能試驗性地分析訪談者發現的情況與試驗室發生的情況之間的關係，以及這兩者對公司政策的意義何在。

我應該更清楚地說明新計畫的程序實際上的特點，這一點很重要。按照原有的計畫，訪談人員的訪談對象來自不同的部門，這些人員構成工廠的品質檢查統計分部，總共一千六百人；在新計畫中，第一個不同是擴大訪談人員團隊，這些人掌握更成熟的談話技巧，訪談對象遍及許多部門，這些人構成工廠的操作分部，人數上萬。根據這個階段的整體安排，訪談在公司總部進行，預先決定日程以做記錄，不考慮明確的或是很容易追源的人際關係，也不考慮與實際工作環境之間的關係。這種做法不可避免地在向個人的非理性意見傾斜，因為任何人批評和抱怨的意見，僅僅記錄為文件中的一封信和一個號碼，不可能被關於那個部門人員環境現實狀況的任何相反意見抵消。我現在所描述的方法上的創新，是安排一個或兩個訪談者持續面談某個部門中的人，一天又一天，一週又一週，並且安排研究人員透過直接觀察，同時適當瞭解一個群組整體的內部關係和活動。這樣做不僅可以顯示對特定情況的不滿意和批評意見，而且也可以顯示這種意見的合理性或是不合理性。

被指派的訪談者和觀察者發現此項任務實施起來毫無困難，研究部和它的調查研究方法已經被普遍接受，一切進展順利。一個訪談者在第一份報告（一九三一年十一月九日至一九三二年三月十八日）中評論，在訪談者和工作群體之間需要建立一種充分的親密私人關係。他繼續說：「我們可以很快建立這種關係，很大程度是因為管理人員抱持開放的態度，他們似乎很願意對我們詳談自己的問題。員工們也讓人難以置信地坦率……觀察人員加入交談，有管理階層人員的配合，談話徹底改變模樣。」在這種情況下，調查人員不難進行觀察，這種觀察似乎提供對重大問題的更充分界定。調查研究工作的狀況完全不是先前可能預期的那樣，不存在明顯的機械性思維（Machine minding）或是例行公事的「隔音」效果，而是按照書上的普遍批評意見，那個原本是機器時代的首要問題。沒有理由認為，管理人員的個人性格和個人品格產生實質性的影響，但是許多「衝突的力量和思想」是在「相互誤解中發生作用」。這種衝突集中於工業領域的「焦點」問題上，即工作及完成工作的方式。有些奇怪的是，「工人和自己的工作」之間，還沒有建立有效的關係，而且缺少一種利益的共同體，所以工作群體不能統一行動，並且陷入一定程度的混亂，即一種無人可以理解和控制的混亂。

在一個特別的事例中發現，無論是管理人員還是工作群體，都不確定「害群之馬」（bogey）是否真的存在，也不明白其判別標準，他們對工作報酬的支付方式不是理解得那麼清楚。部門裡的人員全部贊成防護裝置，其中有些是管理人員已經知道的，有些不是那麼清楚。乍看之下，存在一種傾向，將其歸咎於「限制產量」的習慣。很快又發現，「限制產量」是一個粗略簡化的說法，實際上沒有那種事情。顯然，即使有開明的公司政策，也有精心設計（而且是周詳）的生產規劃，仍然是不夠的。就此止步，只要求工人們執行這個生產計畫，以不接受就離開的態度對待工人們，不管這麼做是如何合乎邏輯，其效果就如同醫生向不依從的病人開藥方：雖然對病人可能有好處，但是病人不予接受。假如個人不能在充分理解工作環境的前提下工作，因為他不是機器，只能違背自己的意願工作，這是人類的本性。即使他全心全意地願意合作，也會發現要將此種行為堅持到自己也看不清楚的終點，那是非常困難的。**由此可見，工業的方法越是智慧化，面臨的操作和行動的難題就會越大**。這是因為，工業的智慧化改進是對外部需要所做出的反應，或是源於技術發明的進步，但是無法使它的工人同步智慧。在霍桑實驗中發現各種各樣的問題，無論這些被說成是「束縛」的症狀是如何明顯，它們同時也揭示某些讓人煩惱的事情，或是個人卑微的感覺。在忠誠的問題上發生衝突，忠於公司，忠於上級管理人員，還是忠於勞動群體，除非增進理解，否則不可能有解決方案。不管他們是不是承認被「籠住」（stalling），工人們都表示不願意處於被強加約束和背信棄義的境地。顯然，公司的政策越明智，越需要開誠布公的相互理解和溝通的方法。溝通的方法必須包括交談，即必須瞭解並且有效解決工人們遭遇和反映的現實困難，還要考慮個人的缺陷。

至此，調查工作將「訪談計畫」與實驗室研究成果聯繫起來。電器裝配工人們擺脫那些約束以後，就可以無拘無束地暢所欲言，其根由至少部分地被揭示出來。人類在工作中的合作，不管是在原始社會還是現代社會，想要行得通，總是要依賴於非邏輯的社會規約（Social code）的演進，它規範個人之間的關係，以及個人相互之間的態度。執著於生產活動的簡單經濟邏輯（特別是這些邏輯還在經常變化的情況下），去干擾這些規約的發展，結果就會在群體中產生失落感。這種失落感會導致社會規則處於更低程度，並且與經濟邏輯相對立，症狀之一就是「束縛」。研究部從摸索前行到豁然開朗，瞭解工人們由於長期缺乏被人理解和卑微無助的感覺所產生的怨怒，也瞭解這樣的經歷對於工業和個人具有何等嚴重的後果。

霍桑效應

1. 歐洲東部和南部的一些國家，都特別重視家庭紐帶關係。——譯者注

2. 學習曲線（Learning curve），又稱為經驗曲線或改善曲線，是一種表示單位產品生產時間與生產產品總數量之間關係的曲線。越是經常執行一項任務，每次需要的時間就會越少。——譯者注

3. 皮埃爾・讓內（Pierre Janet，一八五九～一九四七），法國著名心理學家，其主要理論觀點和成就是：①將臨床的概念和術語引入普通心理學，促使臨床心理學與學院心理學相結合；②提出心因性病理說；③提出神經症的分類和病理機制說。——譯者注

4. 強迫性思維是指患者腦海中反覆出現某個觀念或概念，伴隨主觀的被強迫感和痛苦感。——譯者注

5. 工業疲勞研究委員會第六十一號報告，一九三〇年。——原注

6. 巴黎 Félix Alcan 出版社，一九一九年。——原注

7. 巴黎 Flammarion 出版社，一九三〇年。——原注

8. 《癔病患者的精神狀態》（L'État Mental des Hystériques），皮埃爾・讓內著，巴黎 Félix Alcan 出版社，第四二五頁。——原注

9. 《精神性強迫症》，第三七一頁。——原注

10. 《精神性強迫症》，第三五三頁。——原注

11. 《精神性強迫症》，第三六〇頁。——原注

12. 《精神性強迫症》，第七四九頁。——原注

13. 《精神性強迫症》，第五四八頁。——原注

14. 《神經論》，第三六〇～三六一頁。——原注

—第七章—

疲憊和單調是效率的殺手

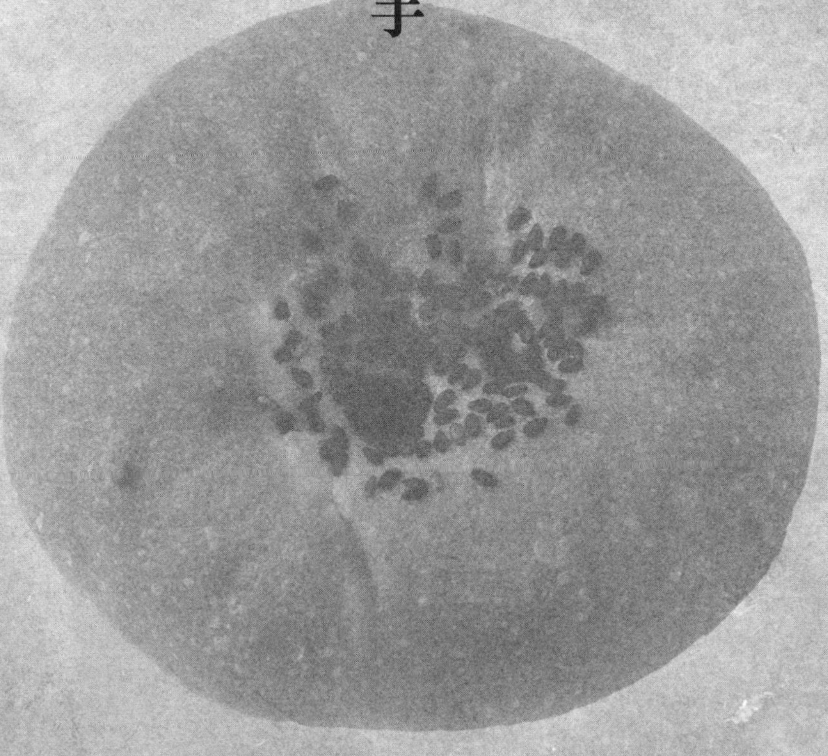

·霍·桑·效·應·

從管理學誕生以來，關於人的問題仍然是管理學專家重點研究的課題。現在我們已經開始意識到，在每位企業管理者和經濟學家的現實思維中，都要對特定條件下的此類問題有明確的態度。在十九世紀，人們曾經有一種不切實際的奢望，以為有可能找到某種治療工業病的政治手段，如今這種奢望已經不復存在。一九一八年，第一次世界大戰結束以來，政治上發生相當大的變化，既有普遍的改變，也有國家體制的改變。但是工業組織中關於人的問題，仍然在莫斯科、倫敦、羅馬、巴黎、紐約同樣存在。人類的事務從來都是這樣，我們是在與自己的無知做鬥爭，而不是與政治對手的陰謀詭計做鬥爭。

直到最近我們才認識到，我們需要更多地瞭解工業中人的因素和人的作用，這是戰後年代的一個進展。一八九三年，英國曼徹斯特的馬瑟與普拉特（Mather & Platt）公司的威廉•馬瑟爵士（Sir William Mather），嘗試進行減少每週工作時間的實驗，從五十四小時減到四十八小時。「兩年的試驗證明，這種改變帶來產量的大幅提升，也減少工作時間的損失[1]。」隨之，英國政府軍械庫和造船廠也實行四十八小時工作制，但是除此之外，實驗的成果「沒有導致私人企業普遍採用類似的舉措。」

這種普遍的漠視一直持續到第一次世界大戰爆發，自此以後，對這個問題的關注持續發酵。顯然，沒有人曾經充分估計到戰爭對工業會有如此巨量的需求，工業會被戰爭機器組織到如此宏大的規模。數以百萬計的軍隊，不可思議般地出現。也沒有人曾經考慮到，這樣會強加給那些生產各種物資的人們怎樣的艱辛和持續的努力。當局者逐漸認識到，「國家缺少關於人力資源效率基本規律的知識」。特別是「需要對工作時間和其他勞動條件進行科學研究以實現最大產量，最大產量是全民努力的目標。」我引用的這篇報告還指出，由於缺少這些知識，工作時間和工作條件普遍「漸趨惡化」，工作效率不斷降低，不能在長期或短期內保持產量。正是在這種情況下，也是作為國家戰爭組織工作的一部分，一九一五年，首次成立軍需用品勞工健康協會（Health of Munition Workers Committee），工人們普遍獲得直接而明顯的益處，產量也有很大提高。這是先進行調查研究再進行操作執行的結果。關於所獲得的利益，最常被引用的事例是一家軍工廠的女工人，她們一九一五年每天工作十二小時，長時間工作讓她們始終處於疲勞狀態。勞工健康協會成立以後的一九一六年和一九一七年，她們每天工作時間降至十小時。比較這組女工人的勞動事故發生率，「一九一五年的勞動事故數量，是此後十小時工作日時期的二・五倍[2]。」

這些早期的調查研究，只能限於戰爭時期的工業環境，大部分研究開始於軍工廠。但是其

·霍·桑·效·應·

積極成果本身就足以惹人注目，考慮到可能普遍應用於工業之中。就像我要在本章中指出的：單調和疲憊對效率的傷害，遠遠超過一般企業管理者的想像。

出於特定的原因，我已經提醒讀者注意英國所做研究的時間過程。從開端上說，這種研究開始於突發而範圍幾乎是無限大的國家緊急狀態。龐大的軍隊戰於沙場，其數量超過歷史上任何時期，造成前所未有的對軍火和各種物資的需求。工業機器開足馬力盡力滿足這種需求，被沉重的負擔壓得不堪重負。未能圓滿成功的原因，不是因為生產技術的缺乏，而是對持續生產的人力條件瞭解不夠。此時，生物學干預悄然介入，卻帶來戲劇性效果：工業部門從中學習如何承擔其重任。這種形勢充分說明，為什麼調查研究者在對自己目標的最初描述中，會特別強調「產出」和最大生產量。直接或是立竿見影的工作成效是肯定而明確的，具體表現在所獲得的產量增長中。儘管如此，從一開始，對更進一步的目標，卻不存在誤解。這反映在：第一批調查研究成果報告的名稱中，都有「軍工工人健康」和「工業疲勞」等字眼。就是這樣，在國家處於緊急狀態期間，一群科學家被召集在一起，服務於民眾，他們的工作沒有得到民眾讚揚的回報，卻在民眾輿論中贏得戰後繼續進行此類研究的許可。於是，開始於被明確界定的戰爭時期問題而且被廣泛理解的此類研究工作，在戰後得以繼續進行，研究內容更複雜，也在不斷變化。

對工業疲勞問題的研究最初是被看作有些簡單和特殊，這大致上沒有疑問。對於調查研究者來說，至少在某種程度上更是這樣認為。生理學意義上的疲勞，曾經是實驗室研究的課題，最初曾經有這樣的希望，工業疲勞將會直接在這些實驗中得到顯現。「在用實驗室方法來測定疲勞程度上，研究者做出大量的探索。透過這些研究，提供大量關於疲勞的性質及其定位方面的知識。研究顯示，疲勞經常是與多種化學物質的產生緊密相連，其中例如：肌乳酸（Sarcolactic acid），其成分和作用都是已經明確界定的化學物質。其他的化學物質，例如：「疲勞毒素」，其成分和作用還是模糊而無法確定的。」這是一位非常著名的學者最近的評論。現在有一些熱心人士，大多與實際工作沒有直接聯繫，在他們看來，這個問題是非常簡單的「因果」關係——工作，然後疲勞，然後再恢復。熱心人士的這種意見，似乎意在表示，存在一種可能性：只依靠發現一種化學物質，就可以從工業中消除疲勞。確實，當時有一種建議是：服用一劑磷酸鈉，就可以得到所期望的（消除疲勞的）效果。

對此，工業疲勞研究委員會進行嚴格審查，否定所有此類想法。經過十二年的研究工作，工業疲勞研究委員會於一九二九年十二月發表的第十個年度報告中，列出專業調查研究人員發表的近六十篇專題論文。這些專著的分類，首先是根據研究的主題，其次是根據研究的行業。根據上述分類標準，其標題大致可以分為：

（1）工作時數和暫停休息（Hours of work, Rest Pauses, etc.）……十篇報告。
（2）行業事故（Industrial Accidents）……五篇報告。
（3）空氣條件（Atmospheric Conditions）……九篇報告。
（4）視力和照明（Vision and Lighting）……五篇報告。
（5）職業指導和選擇（Vocational Guedance and Selection）……七篇報告。
（6）時間和動作研究（Time and Movement Study）……十篇報告。
（7）姿勢和體格（Posture and Physique）……四篇報告。
（8）其他（Miscellaneous）……九篇報告。

按照「行業」的分類標準，列出的行業為：採礦、紡織、鞋靴、陶瓷製造、洗衣、玻璃、印刷業、皮革製作。除此之外，還有按照「輕度重複勞動」和「肌肉勞動」的研究對象分類，以及其他各種分類方法。十二年以來，進行的相關調查研究，其數量已經如此龐大，內容已經如此多樣。事實上，已經很難在一個表格中按照任何一種整體分類呈現出來。單純的事實發現，簡單的補救措施，某種最佳的方法，都不能使問題變得具體化。實際上，已經顯露出來的情況是：這個問題本身是多因素的，多種多樣的因素互相緊密關聯，每個因素對於瞭解一個行業具有潛在的重要性。

這個研究報告的內容不僅涵蓋此類研究的全部範圍，而且也適用於這個領域的任何特定研究。對工業中的生理疲勞進行計量或開發測試方法的嘗試，已經小有成效。一份早期報告[3]信心十足地陳述它對這個問題的解決方案：《控制肌肉運動的一般法則》。「還沒有十分清楚的是[4]，從事肌肉勞動的時候，乳酸在肌肉和血液裡形成。這些乳酸可以透過氧化反應而去除，但是如果乳酸累積到某種限度以上，就會抑制肌肉的進一步活動。乳酸形成和經由氧氣代謝的分解，兩者之間的平衡狀態，決定肌肉運動期間和運動之後的人體生理狀況。」這份報告參考的是一個當時正在進行的某些大學科學研究專案的成果，這些專案是在希爾博士（A.V. Hill）[5]指導下進行的。這份報告接著指出，肌肉運動可以分為兩種類型：「一類是相對溫和的運動，氧氣代謝足以防止乳酸濃度達到抑制運動的程度，在這種情況下，運動可以無限期地進行下去。另一類是更劇烈的運動，在這種運動中，乳酸可以快速累積起來，以至於由心肺功能所控制的氧氣供應，不足以應付運動的需要，結果導致身體陷入對氧氣的『負債』狀況，最終被強迫停止運動，以圖恢復……前一種類型的運動形式包括步行，後一種類型的運動形式是高速奔跑，最高速度因人而異，要看每個人的健康狀況和鍛鍊程度，以及對肌肉的合理運用。」報告接下來表達對於這些卓越而意義重大的實驗室研究的高度期望。「隨著此項研究工作的進展，可以直接應用於工業勞動的研究成果即將產生，特別是在涉及肌肉性勞動中的最優勞動速度、最佳

·霍·桑·效·應·

輪班工作時間、休息次數……」報告也提及由英國倫敦大學學院（University College London）和卡斯卡特（E.P. Cathcart）博士進行的（肌肉）疲勞研究，卡斯卡特現在是格拉斯哥大學生理學欽定講座教授（Regius Professor）[6]。

早期的期望就是如此，但是其實現的情況又是如何？一九二五年，梅耶斯（C.S. Myers）博士撰文：「這些對肌肉和精神疲勞的實驗研究成果很有價值，但是以其實際應用來說還不夠。實驗室裡的實驗條件，遠非日常工作中的條件可以相比。工廠裡的肌肉疲勞問題不能被孤立，不能像實驗室那樣，不會受到勞動熟練程度和勞動者智力程度等因素的影響，勞動熟練程度和勞動者智力程度又依賴於更高程度的中樞神經系統功能的合理發揮[7]……」之後，梅耶斯談到：「各式各樣的測試被發明出來，用以測量工業疲勞的程度，但是要保證其中任何方法的應用，以界定工業疲勞的含義，那是行不通的[8]。」再後來，他又補充：「如果我們繼續在工業領域的條件下使用疲勞這個術語，就要牢牢記住，它的性質是多麼複雜，我們對其全部性質是多麼無知。我們也不可能做到，在完整無缺的機體層面上區分高度疲勞和低度疲勞，區分壓抑和疲勞，區分爆發性『行為』的疲勞和保持『姿態』的疲勞，或是排除不斷變化的關注程度、興奮程度、意見的影響[9]。」在此，有些人或許會感到疑惑：疲勞一詞，其本身或許沒有勞累過度的嚴重危險，它似乎被用於形容五花八門的狀況。

一九二八年，卡斯卡特[10]也表達同樣悲觀的結論。在概括工業疲勞的範疇究竟為何之前，對於疲勞這個主題，需要做一些討論。這個概念用起來很順口，就像「效率」一詞，但是一般人會發現，對其進行界定是相當困難的，甚至幾乎是不可能的。**疲勞是一種正常的生理現象，但是又可以轉為病理現象，這正是問題的關鍵所在，必須首先予以考慮。**這個概念是指什麼？疲勞的程度可以被計量嗎？應該嘗試回答後一個問題。儘管為了解決這個問題已經做出大量的工作，但是答案仍然是否定的。例如：在格拉斯哥這裡，我們多年探求，試圖找出一種真正可靠的測試方法，結果卻是與其他從事此項研究的人一樣，得出這樣的結論：**「從任何學科的角度，迄今未曾發明一種可以評估疲勞狀態的方法。值得懷疑的是：以我們現在所掌握的手段，是否存在測量疲勞的可能性[11]？」**在同一章節的以下部分，卡斯卡特繼續說：「但是，工業疲勞又怎麼樣？這個概念不比一般性的疲勞概念更清晰，雖然我們無法說明工業疲勞的性質，但是這種狀態卻是為人們所熟知。或許，最好的一般性定義是：它是勞動能力的降低，這樣的定義就不需要說明其性質。在工業勞動者中，實際存在疲勞現象，這是完全沒有問題的，它不是以極端嚴重的形勢存在，而是每天進行日常勞動的必然結果。很明顯，儘管大部分的相關因素都在控制範圍之內，但是如果在實驗研究中不能找到測量疲勞程度的讓人滿意的直接方法，現在也不可能有計量工業疲勞的直接測試方法。

間接地，這個問題得到徹底研究，至少有些研究得出的論斷是正確的，而且具有重大價值。一些間接用於評估疲勞程度的測試包括：

（1）勞動的產出和品質的變化。

（2）時間損失。

（3）勞動力流動。

（4）疾病和死亡。

（5）事故。

（6）工作努力程度。

「在所有這些間接測定方法中，整體上最可靠的，可能是計量績效或是產量的方法[12]。」卡斯卡特認同這種意見，指出在工業中進行實驗是極為困難的，原因在於：首先，工業條件下的疲勞有大量因素在發揮作用；其次，使那些不在研究觀察之下的條件保持不變是非常困難的。

更晚一些，一九三一年，卡斯卡特在不列顛科學協會（British Science Association）的一個分會——工業合作委員會（Committee on Industrial Cooperation）百年紀念會上宣讀一篇觀察報告論文，消除在「疲勞」這個概念上存在的許多困惑。他認為，疲勞「不能被定義為一個單一的有限實體[13]。」

最近幾年，在哈佛大學關於疲勞問題的實驗室，韓德森（L.J. Henderson）[14]博士與同事們對積極運動過程中的肌肉血流發生的生物化學變化進行專題研究，他們全部的工作成果發表在許多科學刊物上以及韓德森最新著作中。此項研究可以說是基於一個生物學實驗方法的成熟概念，其生物學的性質，避免疲勞是「單一有限實體」、以事件的簡單因果關係為特徵的假設。

韓德森指出：「一般而言，在有機體的運行中進行因果關係分析，都會導致錯誤的結論。唯一的選擇……是做相互依賴的分析。一般而言，不使用數學工具是不行的[15]。」生命體最好是被理解為一個多變數的平衡體系，對於其中各個變數來說，任何一個變數的變化，都會引起整個有機體的變化，因而生物學實驗的方法，不應該是試圖改變一個變數a，同時保持其他變數b、c、d……不變，因為這是不可能實現的[16]。假如在一個均衡系統中，變數b、c、d受到約束而固定不變，這種約束的影響也會作用於變數a。在韓德森看來，對生物學實驗的科學控制，不是要去約束限制，而是要進行計量。生命體是作為整體對外界變化做出反應，為了瞭解這種反應的一般性質，需要同時計量盡可能多的特殊變數——這樣一來，就可以對外界比較小的變化與各個變數彼此的變化以及整體變化之間的關係有更多瞭解。更進一步來說，這個方法要求克服卡斯卡特指出的生物學實驗中的「控制」難題。

·霍·桑·效·應·

我在這裡介紹的哈佛大學疲勞問題實驗室的第一個系列實驗，就是這種方法的一個應用。它要解釋的是：在正常健康的條件下，在完成相同任務的時候，不同個體發生的變化。實驗要求完成的任務是以接近每小時六英里的速度在實驗室跑步機上運動二十分鐘。這些實驗的全部結果刊登在《生理學雜誌》（The Journal of Physiology）[17]上，題目是「肌肉活動的研究」。我在這裡列出疲勞問題實驗室的迪爾博士（Dr. Dill）的實驗結果。

第一次實驗主題是以特定速度跑步，對訓練中的運動員和非訓練中的運動員以及未經訓練的跑步者的影響，變數是血液中的乳酸和碳酸氫鹽的濃度。希爾在自己的羅威爾（Lowell）演講中解釋，肌肉疲勞的狀況是由於運動中血液中的乳酸含量升高，以及隨之發生的「可溶性無機鹽儲備」，即總碳酸氫鹽的下降而引起[18]。最終，這種狀況將會導致「氧氣負債」（Oxygen debt），不能繼續跑步。一位馬拉松獲獎運動員的血液情況比較特殊，其所含乳酸和碳酸氫鹽的濃度幾乎與休息不動的時候是一樣的。他的「鹼儲備」（Alkaline reserve）沒有減少，乳酸的增加可以忽略不計。接下來的兩位曾經是運動員，現在不是嚴格意義上的運動員，但絕對不是完全「停止訓練」。此外，還有一位是從未經過訓練的跑步者。受試組中表現最好的是那位運動員，進行實驗的時候年齡四十歲；表現最差的，是一個沒有受過專業訓練的十八歲男孩。當然，這樣的結果不能說是由於年齡的影響，只能說是來自身體訓練的差別。

第二次實驗顯示，在進行肌肉運動的時候，不同受試者的心跳次數的明顯差異。那位著名的四十歲運動員，他的心率在跑步的時候沒有升高到每分鐘一百次以上。未受過訓練的人的情況，其心率很快增加到每分鐘一百九十次，六分鐘以後就因為精疲力竭不得不停止運動。

第三次實驗顯示，每個跑步者按照每公斤體重淨消耗的氧氣量。這裡又出現非常有趣的情況，計量結果顯示：更好的跑步者的耗氧量實際上更少。換句話說，他們用比較少的肌肉力量來完成同樣的任務——跑步的技巧，表現為對體能的充分利用。

「將人體的功能比之於機器，對上述資料的最終分析顯示，體能訓練是機體表現優越的主要原因。那位運動員的優勢在於：他有能力滿足身體對氧氣的需要，使自己可以保持身體的內部狀態，只比靜息的時候有很小的變化。在生理學上已經確立這樣的原理，功能和運用是密不可分的。肌肉運動造成新陳代謝的加速，只有經過訓練的受試者才可以透過許多因素的協同作用，有效地予以應付。一般而言，他們的反應對慣於應付這種需要的良好整合系統是預料之中的事情。系統中的某些變數被測量出來，相對於它們的重要性，可以給出近似值……」

體能訓練增強肺部功能，導致心跳頻率下降，增加心臟的心搏出血量，在勞動過程中降低全身的血液壓力，或許也可以像在肺部一樣，增加肌肉中微血管的活躍區域。所有這些，以及與其他神經系統的未知因素結合起來，形成足夠的氧氣供應，可以滿足比較劇烈的勞動程度的

·霍·桑·效·應·

時候機體對氧氣的需要，在長時間裡保持身體內部的最佳狀態。未經過訓練的受試者，這些作用機制可以說是相對不發達的[19]。」對於未經過訓練的受試者，他們「在對於運動員來說幾乎是毫不吃力就可以達到的活動程度上，心率和呼吸次數就達到最高值。」

這些實驗對生物化學、生理學、醫學的意義重大，這是因為：實驗發現有關肌肉活動的時候有機體交換的事實，其重大意義還在於：帶來生物學研究技術的重大革新。它們對工業和人的調查研究的間接影響，將會在下文談到。這裡有必要指出的是：儘管機體不平衡的某種特殊狀況（希爾稱之為疲勞），在實驗中從許多方面進行詳細說明和計量，但是仍然沒有可以在工業領域中獲得真正的直接應用。這種類型的不平衡或疲勞，或許有時候就是在工業中也發生。但是事實上，這種情況很少見，甚至不存在。有兩個理由：第一個理由是老生常談，在工業化中，工作越來越多的使用機器來進行，工作人員只是在操作機器。第二個理由是，在工業化中仍然需要體力勞動的地方，總是會發生某種自然選擇，選擇那些可以從事此類工作又對機體平衡不造成任何重大干擾的人，例如：受過專業訓練的運動員。在正常情況下，這個選擇過程由「勞動力流動」來實現，那些感到工作過於痛苦者離職而去。在其他工業條件下，那裡不需要特別的體力勞動，於是這種類型的自然選擇與系統化的職業選擇相比就是多餘的。但是，哪裡存在「氧氣負債」現象，哪裡的自然選擇就會充分發揮作用。

但是迄今所報告的實驗結果，不管怎麼說，不是對工業化具有重要意義的疲勞實驗室研究的全部記錄。另一個系列實驗，是關於外部溫度對肌肉持續活動能力的影響。在這些實驗中，幾個受試者在實驗室的自行車測力器上做相同的活動：第一，「外部」（相對於受試者個體的外部）溫度大約華氏五十度（攝氏十度）；第二，在同樣的運動要求下，外部溫度為華氏九十度（攝氏三三・二度），沒有空氣流動，濕度保持基本穩定（五〇％）；體內溫度（直腸溫度）用熱電偶頻繁監測，「心率用心跳計數器連續記錄」。

對體溫升高情況的觀察結果顯示，如果環境有利於散熱，體溫在最初小幅升高以後，很快達到穩定程度。「否則，體溫上升到精疲力竭（停止活動）為止。」

「體內溫度不變的時候，心率隨著外部溫度升高而加快。單位時間的輸出血液量保持不變，或是稍有增加。這樣一來，每次心跳的輸出血液量會隨著外部溫度的升高而減少。隨著外部溫度的升高，血液向皮膚和不活躍肌肉的供應增加，向活躍肌肉的供應可能減少。」

「在我們的實驗中，五個受試者中的四個，在高溫下活動變得筋疲力盡，同樣的活動在低溫下他們很容易進行。但是整體上看，身體裡的乳酸聚集不明顯，能量儲備沒有耗盡，肺活量還有大量儲備。對這些資料的最合理解釋是：心臟肌肉能力達到上限，心臟跳動已經達到最高心率，其他器官沒有滿負荷運轉。」

·霍·桑·效·應·

「這些實驗具有多方面的含義，因為身體活動經常是在散熱不好的環境中進行。處於熱帶地區的人們具有的悠閒從容的習慣，從生理需要上看，是很有必要的[20]。」這些實驗闡明和測量另一個類型，即（上述）第二種條件下機體失衡的某些要素。這種不平衡，儘管與第一種不同，但是其作用的發揮，同樣使持續工作成為不可能。研究者認為，這對工業的含義也是多重的。

但是在這裡，也有一個直接的實例。有一家工廠，從事替換電焊條工作的工人幾乎無可避免地部分曝露於電爐的熱氣中。夏天，工廠外部背陰處的溫度在華氏九十～一百度（攝氏三二・二～三七・八度）之間的時候，幾乎總是會發生中暑事件，而在冬天，那個時候的工廠外部氣溫可能是在華氏零度到冰點（攝氏負一七・八～零度）之間，幾乎從來不會發生中暑事件。負責的醫務官員指出，這些工廠內中暑衰竭的表現，與在實驗室中一樣，都是體溫升高（華氏一百零二度，攝氏三八・九度），心率加快，達到每分鐘一百六十次，甚至更高。

一九三二年夏天，疲勞問題實驗室的迪爾博士和塔爾波特博士，為了進一步瞭解在夏季高溫下體力工作對人體機能的影響，訪問胡佛水壩（Hoover Dam）[21]的建築工地。他們的實地調查結果還沒有發表，但是在這些結果中，有一個發現對工業和我們有很大意義，其實例是：在同樣的工作條件下，會發生特殊形式的伴隨肌肉「抽筋」的中暑。這對於患者個人，可能導致相當嚴重的病症。我不能對相關的各種因素以及患者的個體差別進行詳細說明，但是重要的發現是在這種情況下，氯化鈉（即普通食鹽）隨著汗水嚴重流失。適當地攝入普通食鹽，就可以有效防止「抽筋」，使人體恢復正常。

行文至此，我們可以回頭再考慮「疲勞」這個概念的許多不同的混亂含義。在工業領域進行研究的生理學家弗農（H.M. Vernon）和卡斯卡特，對這種混亂的情況有清楚的認識，但是他們已經發表的著作的讀者卻沒有相同的認識。如今的企業理論，基於一個看起來符合經濟學理論的簡單假設。**這個假設是：「工作」是對工人的「索取」，薪資是對大致認定的工人的損失補償**。薪資按照時間支付，於是損失也必須是連續的。或許，這種連續性損失的概念中，有幾分在實質上就是商業經濟觀念中的「疲勞」。當然，也可能用似是而非的說法來支持這種觀點。例如可以說成，所有的生理學意義上的「勞動」，都是消耗能量儲備，在工作日結束以後，這種儲備至少在某種程度上是被耗盡。對這種觀點的反對意見是：這種說法在任何意義上都不能反映工業中或是生理學實驗室中實際出現的問題。

一方面，生理學家們，例如：希爾或弗農，韓德森或迪爾，描述並且測量外部關係的一些缺陷所引發的「工人」機體不平衡的狀態。這種不平衡，不是與在所有情況下機體病態都相同的意義上的「疲勞」。相反地，它的性質有賴於外部條件，也要看個體狀況。對於這些不適應

·霍·桑·效·應·

的無盡可能性，我們已經論及未經過訓練的受試者和「氧氣負債」者的三種肌肉活動：室內高溫而且空氣流動不好；運動中心臟效率低下；氯化鈉隨著汗水嚴重流失，導致肌肉「抽筋」。在每種情況下，都會出現對身體活動所涉及的變數之間的平衡關係的某些「干擾」。災難不是像薪資理論認為的那樣，一步一步慢慢走來，它如果出現，個體很快被迫停止工作。

另一方面，生理學家們同樣說明和測量個人持續完成指定任務的狀態，甚至是在實驗室的條件下。他們指出，在這些實例中，勞動者達到一種「穩定狀態」：與工作任務相匹配，可以在高能量消耗狀態下保持身體內部平衡。同樣地，進行持續的肌肉活動，如果對氧氣需求可以得到充分滿足，就可以達到「穩定狀態」。這種穩定狀態，表示一個相對恆定的總換氣量，只排除新陳代謝產生的二氧化碳，心跳和呼吸次數平穩，內部狀態穩定[22]。如果個體可以達到這種穩定狀態，就可以指望「身體內的最佳狀態」可以「在長時期內」保持下去[23]。

與這些發現相仿，現代工業化的問題不完全在於（甚至也不是主要在於）整體有機體失衡的領域內，這個說法可以很容易地用哈佛大學工業研究部門與疲勞問題實驗室合作進行的測試加以闡明。讀者將會注意到，在這些事例中，個體受試者被強制「放棄」自己正在做的工作，他的脈搏率和血壓受到不良影響。這些症狀是正在發生的情況的信號，儘管這些信號沒有顯示發生情況的性質（例如：心跳加速，既可以是缺氧的象徵，也可以是外部溫度造成的心臟功能下降的表現）。既然如此，就可以在一個工作日裡，連續定時地測量和記錄心率和血壓，以充分確定某個部門的勞動者是不是在「穩定狀態」下工作。洛夫金（O.S. Lovekin）的兩篇關於在實驗室條件下和在工廠中進行的「脈搏乘積」（Pulse product）測量（脈壓乘以心率）的論文，顯示不同類型的工作要求消耗不同的能量，但是整體而言，工廠勞動者的脈搏乘積比較低和更穩定。這就是說，工廠勞動者在工作的時候，身體器官更像是處於「穩定狀態」[24]。

所以，生理學意義上的勞動概

序號	工作類型	工作姿態	工作日時長	性別	平均脈搏乘積
1	檢查和收疊衣物	站立-無流動	8小時45分	女	41
2	機械修理工	無固定姿態	9小時45分	男	41
3	繞線圈組	坐姿	8小時45分	女	39
4	繞線圈組	坐姿	9小時45分	女	36
5	紡紗	站立-流動	9小時45分	男	35
6	剝雲母	坐姿	9小時45分	女	35
7	工作台電器操作	坐姿	9小時45分	女	31
8	動力鋸床	坐姿	8小時45分	女	31
9	速記，計件	坐姿	7小時25分	女	31
10	繼電器組裝（測試室，無工間休息）	坐姿	8小時45分	女	30
11	橡膠靴輸送	站姿、坐姿	7小時30分	女	29
12	繞線（紡紗廠）	站姿，多次中斷	9小時	女	29

工廠不同職位的平均脈搏乘積和其他資料

·霍·桑·效·應·

念，對商業和經濟理論沒有什麼貢獻，勞動只能在穩定狀態下進行。在任何普通工業條件下，工作中斷不是由於能量儲備的任何局部耗盡，而是源於某種「干擾」。這種干擾的性質是外部環境，這種外部環境使個人產生實際的有機體的不平衡，這種非平衡的狀態讓他不可能持續工作。

「我們可以說，疲勞所指的不是一個實體，而是描述各種現象的一個便利詞彙。常見的誤解以為，『疲勞』這個詞彙，對應於一種確定的事物，這是許多困惑產生的根源。短期急劇活動造成的疲勞，不管是全身的還是獨立的肌肉群，其特點都是乳酸增加，以致一時不能繼續下去。能量儲備消耗造成的疲勞，並非普遍發生，但是如果出現，對血液進行化學分析就會發現低血糖。在高溫環境中工作產生的疲勞有許多表現形式，最簡單的計量方法是心率加快。最後，兩個人做同一項工作，一個人可能比另一個人更疲勞，原因是非熟練工作者的神經協調不良，使得他需要消耗更多能量。一般而言，這些原因之中任何一個所導致的疲勞，越接近個人的工作能力，就會越嚴重[25]。」

這樣一來，就完全不驚奇英國研究局將「疲勞」兩字從其名稱中去除。人們很容易得出輕率的結論，因為存在「疲勞」這個詞彙，所以必須有與之相對應的簡單事物或事實——這是韓德森在自己的帕雷托研究中曾經討論的普遍性謬誤。工業調查研究者總是在自己的工作中被迫地顧及複雜條件中的許多因素，儘管對工人們和工業化的綜合影響不盡人意，他們仍然執著於去發現非平衡狀態的性質和干擾的性質。疲勞研究局的科學研究工作者發表的論著，沒有直接討論疲勞，他們探究勞動時間和休息暫停、通風條件、視力和照明、職位選擇（例如：不同工種的個人區別）、姿態和體格。

上文中，我們討論的主要是疲勞對工作效率發生的干擾和妨礙，其性質不全是危害機體的。**除了疲憊之外，單調的工作也會對工作效率造成損害。**

生理學家們已經發現，工作只有在一種「穩定狀態」下才可以持續進行。他們認為，這表示機體可以對外力做出反應，只有在身體內部許多相互依賴的變數之間保持平衡的時候才可以辦到。卡農（Walter Bradford Cannon）[26]博士形容此種狀態為「內環境穩定（Homeostasis）」，是「對內反應（interofective）」的因素和「對外反應（exterofective）」的因素之間的平衡。假如達到穩定狀態，「身體運動可以無限期地進行下去」。如果一個人不能繼續做下去，對這種無能為力的約束是來自人體的器官組織，這就是一些外部條件變化或是內部能力不足發生作用，使得對內反應不能支撐對外反應。

工業調查一開始就被迫認識到，工業中阻礙持續工作的干擾，不只是或者主要不是來自機體器官。一九二四年，疲勞研究局的一份早期報告在討論制度性工間休息安排影響的時候表示：

霍桑效應

「按照工作的性質，工間休息必須明確地從以下兩個方面來認識：一方面，對於肌肉性工作，休息必須主要被看作是字面意義上的休息，它是生理學意義上疲勞的恢復時間。另一方面，對於主要特徵是重複而不是勞累的工作，需要考慮的主要因素是厭倦和單調，而不是疲勞。在這裡，工間休息可能要依靠工作上的變化，而不是完全停止工作。因而，這是兩個不同的問題，需要做各自獨立的研究。顯然，工作單調與疲勞是不同的問題，闡明其中的區別，主要應該歸功於弗農博士，他是早期軍需用品勞工健康協會和疲勞研究局的資深研究者。一九二四年，弗農發表兩篇專題論文，一篇研究工業生產中的工間休息問題，另一篇是對重複工作各種影響的一些分析。懷亞特（S. Wyatt）[27]先生也參加這兩項研究，此後又將研究向前推進一步。前一篇專題論文包括兩項研究，第一項研究是由弗農和貝德福德（Bedford）[28]進行的產業現狀調查，第二項是懷亞特所做的實驗性研究。產業性研究的結論是這樣的：「在工作時間中引入工間休息（五~十分鐘）的效果估計是很困難的，因為不能排除其他影響……但是實施工間休息之後，產量有不大的然而是確切的提高，在大多數研究事例中都是如此，甚至在充分寬裕的保守估計下，也是這樣……工間休息的效果，經過幾個月以後充分顯現出來。」

「除了制度化的工間休息，工人們在工作中經常有一些變化：（a）故意從工作中抽身休息；（b）必須做一些雜務和其他工作，這些事情使得他們可以從主要工作上的千篇一律中解脫片刻。」懷亞特的實驗性研究在工業環境中不複雜，所以結論也更明確。「現代工業中的客觀情況是：工作單調的趨勢日益嚴重。這主要歸因於勞動分工的進一步細化，批量生產日益增加……儘管這些客觀情況推動工作單調性的增強，但是單調性的程度，恐怕更多是要看工作者對工作的態度。眾所周知，不同的人對於同一種工作，會有不同的主觀感受，一些人可能認為工作極為單調，有時候甚至是不可忍受的，其他人卻感覺相當愉快，寧願只做這項工作，不願意調換到其他比較多變化的工作上。然而，如果工作具有主觀同質性，並且引發工作者感覺單調，它對作業活動就會產生一種抑制作用。」弗農和懷亞特都關注產量曲線，也不約而同地發現，不僅疲勞是減少產量的「干擾」，單調也有同樣的作用。「這份研究報告展示的實驗結果顯示：作為考察對象的那些單調的活動，導致相當大的產量減少，在工作班次的中間時段最明顯。**在工作班次的中途實行十五分鐘的工間休息，可以在某種程度上避免這種產量下降……產量的增加不僅是在休息之後，而且在休息之前也會發生**[29]**……**」

　　四年以後，也就是一九二八年，弗農在對工作時間的影響研究中表示，工間休息的心理作用可能比生理影響更大，尤其是在單調重複的作業活動下……對工間休息的心理效應，不可能直接測量出來，但是對三家工廠的勞動力流動情況的研究，得到間接的證據。三家工廠的工作大致相同，薪資也基本相同。三家工廠都在大型現代化建築裡，設備完善，每週工作時間基本相同。一九二三年至一九二五年，工廠B的女員工的勞動流動率平均為二五％，工廠A為四二％，工廠C為九四％。「勞動流動率取決於多種多樣的因素，不可能解釋得很確切，但是在勞動流動率最小的工廠B，存在一個富有啟發性的情況，那裡每班工人有一個十五分鐘的工間休息，可以到販賣部（canteen）走走，下午有免費茶水的供應。勞動流動率處於中間的工廠A，工人們不能離開工作崗位，但是可以有三分鐘的時間，飲用管理部門提供的茶水。在勞動流動率最高的工廠C，根本沒有任何休息時間，並且勸止工人們喝水進食[30]。」

弗農做出總結：「在連續五小時的一班工作中，安排一個工間休息，提供一些茶點，是符合人們心願的：（1）從生理要求上說，事實上，早餐距離午餐的時間一般長達六個小時；（2）從心理要求上說，這是對單調工作的調節[31]。」

一九二九年，懷亞特與弗雷澤（J. A. Fraser）合作進行的關於「單調的影響」的研究成果發表了。這個研究成果報告的內容，一部分是實驗成果，一部分是直接的工業調查的結果。工業調查的對象包括許多類型的不同工作，都是重複性的——例如：繞線圈、菸草秤重、巧克力裝盒、肥皂包裝。接受調查的產業勞動者，智力程度相當參差不齊。簡而言之，懷亞特的第一個結論是：「厭倦的感覺，在過程重複的工作中廣泛存在」「厭倦導致工作效率降低，尤其發生在一個班次的中間時段」「厭倦也會導致工作效率的更大波動」，還是「過長地估計時間過程的原因」，過長地估計時間過程，隨之總是有工作節奏的放緩。**他再次發現，「厭倦感覺的強弱，主要是取決於個人的特點和癖好。」**智力高的工人更容易厭倦，但是他們的「生產率通常高於平均程度」。「情緒是否穩定，是重要的決定性因素，這需要專題的研究。」

然而，除了這些，他還有兩個意義重大的觀點：「厭倦的程度，與工作的機械化程度有一定關係。厭倦不容易發生於：①工作全部自動化的時候。此時，思想可以游離於工作，轉向其他更有趣的事情，或是可以與其他工人交談。但是如果思想不能如此轉移，厭倦就會特別嚴重。」②「注意力全部集中在工作上。這個時候，各種非預期事件和複雜情況經常出現，厭倦的感覺可能比較微弱……（厭倦的）感受在半自動化的工作中最明顯，那裡要求足夠的注意力，不能分心，但是這種注意力又不足以使精神活動達到全神貫注的程度」。我認為，這些結論可以被美國的工業實踐廣泛證實。上一章中我提到，哈佛大學工業研究部的洛夫金在許多工廠進行「脈搏乘積」測量的時候發現，自己測到的一些脈搏乘積最低和最穩定的工人——這表示他們的工作壓力最小——是那些在輸送帶旁邊工作的年輕婦女。他的看法是：在那種情況下，工作是在最高自動化程度上和集體性社交愉悅中進行。

懷亞特的第二個很有意義的結論，是這樣表述的：「感覺到的厭倦程度，與工作條件有一定關係。它比較不容易發生於：①在一個班次工作中的適當時候，操作方式有變化；②工作報酬是根據產量計件發付而不是根據勞動時間計時發付；③工作可以被當作一系列的獨立任務，而不是無休無止的操作；④操作人員可以結成小型群體工作，而不是孤立工作；⑤在一個班次工作中，實施適當的工間休息。」

這裡，我們應該稍停片刻，以確認沒有誤解弗雷澤和懷亞特的觀察結果。「單調」這個字眼，正如「疲勞」那樣，引起大家的聯想，很容易使我們假定，必然存在一個符合「單調」這個概念的單純事實。由於我們也知道「疲倦」和「厭煩」是什麼感覺，所以我們總是傾向於認為，在工業領域工作班次中間時段的所有已經記錄的產量下降現象，或是在一個時期勞動流動率比較高的現象，都是個人態度的問題。但是，產量和勞動流動率下降是有案可查的，「厭倦」的感覺是一種高度假設的解釋。我之所以說是高度假設，是因為很明顯，正如「疲勞」是用於形容許多組織器官的能力障礙，而且不同程度地受制於各類外部條件，所以單調也是用於形容各種各樣的個人狀況，其產生條件各不相同。弗農和懷亞特所說的一切，目的是要使人們明白這個道理。

卡斯卡特也有這個意思，他在一九二八年寫道：「與疲勞非常相似而且同樣讓人難以理解的另一種現象是單調。我們對單調真正知道什麼……誰來判定什麼是單調？有一句老話說，『一人之美味，他人之毒藥』，用在這裡很適當，個人之間的差異極大。一個職位可能對某個人來說是徹頭徹尾的單調，只會引發痛恨和厭惡，但是對另一個人來說，可能感覺舒服自在和得心應手。還有，今天認為是單調的，明天就不是那樣。單調不單調，因人而異，甚至同一個人也會因時而異。」心理學的一個困擾是：在做細緻入微的觀察研究的時候，它總是想要咬文嚼字，不使用那些會引發聽者腦海泛起對往事模糊記憶的詞語。心理學的這種困擾，在某種程度上，更甚於其他領域的研究。由於相互依賴的因素，我們沒有擺脫韓德森或希爾所使用的嚴格方法，在一定條件下，不再是機體性質，而是變成個人和社會性質，因而更難以測量。確實，這種測量上的困難，也就是其精確度和特殊性的困難，使得任務變得非常複雜。對細枝末節的東西進行測量比首次給出重大因素的估計值更容易，所以我們會發現，許多自我標榜的心理學理論陷入徒爭口舌的斯庫拉（Scylla）岩礁與計較細節的卡律布迪斯（Charybdis）漩渦之間，左右為難，跌跌撞撞衝下懸崖，墜入大海[32]。

在上述弗農和懷亞特的調查研究成果中，有兩個結論值得認真思考：第一，重複性工作不利影響的大小因人而異，因為涉及個人天分和氣質的稟賦（暫且這麼說）的因素；第二，特定行業團體的社會性或個體性，會以某種方式對此產生影響，而且是深刻的影響。幸運的是，弗農和懷亞特的調查研究提出的這兩個問題，已經得到疲勞研究局兩位調查研究高手的關注，我說的是梅・史密斯（May Smith）[33]和米萊斯・庫爾平（Millais Culpin）[34]的工作成果。早在一九二四年，史密斯女士就發表一篇鮮為人知的論文，題目是「調查研究者面對的一般心理學問題」（General Psychological Problems Confronting an Investigator）[35]。這篇論文，是她對個人行為的社會決定因素的研究所做的第一個貢獻。她的文章是如此精彩，我要長長地引用一段。她說，「不只是可能」，而是一定，工業狀況的研究者「會遇到工作普遍千篇一律及其對個體工人影響的問題。最常用的形容此種千篇一律的詞彙是單調，這通常被一致認為是「重複動作」的同義詞，其原因不難理解。通常，批評或描述工業生產過程的人，屬於這樣一類人：他們不習慣於長時間做純粹重複動作的工作。看到工人們在這樣的工作，他總是會想像，自己在這樣的狀態下會有何種感覺，並且將自己的感覺加於工人身上，於是將這種勞動方式貶為單調。他的結論可能是正確的，也可能是錯誤的。正確與否，要看那個工人（的意見）。

「**單調表示一種狀態：沒有變化，不會給人們帶來任何智力上的刺激和情緒波動。想要打破單調，必須具備兩個要素：①客觀的實際變化，②個人受到此種變化的影響。**最激動人心的事情，也無法打動憂鬱症患者。所以，對於重複性活動，或是必須針對其本身進行考察，或是必須置於它們的全部環境條件中進行研究，這些環境條件至少包括：重複性的工作，隨著工作時間延長而單位時間產量變化，工作夥伴和管理階層對此項工作的態度，進食和疲勞等生理上的現象，感情波動……以及這個工廠的集體生活。任何給定時間的全部反應，都是對綜合環境的反應，綜合環境也是不斷變化的。對綜合環境條件中的一個或其他要素的認識和覺悟，因人而異，甚至同一個人也會因時而異。」

關於單調的問題，史密斯女士建立個人差別性這個主旋律，然後再回到她的主題上：「最近，作者花了一些時間，深入兩家做同樣的重複性工作的工廠調查研究。在一家工廠，有很多無精打采的抱怨，另一家工廠完全沒有。在一家工廠，大多數人的臉上都表現出默然的呆滯表情，而在另一家工廠，工作中到處是顯而易見的愉快和幸福。假如，採用相同思路在這兩家工廠中對重複工作進行考察研究，結果將會大相徑庭。在一家工廠，似乎沒有人關心工人們的需要，那裡不存在團隊精神，工人們唯一的興奮點，就是拿到每週的工錢，這樣一來，興奮也是一陣一陣的。在另一家工廠，工人們不僅對工作真切感興趣，而且這種興趣隨著時間過去而越來越強烈，還會爭取獲得工廠當局的表揚，希望參與許多加強相互之間聯繫的社交性活動。重複性的工作，是整個圖畫的一條線，但不是整個畫面本身。」

「一個觀點有時候被人忽視，即如果你把工人當作人類的一員，而不是作為一個重複勞動的工人來研究，許多工作過程都是有補償的……有一些工人，使用特定的機器，連短暫的離開也不情願，顯示他對機器本身產生興趣，這一點很容易被考察工作的人忽略，但是除非有證據顯示其不成立，這是不應該被遺漏的。」

「做重複性工作的工人，或許只是重複數量有限的幾個動作，但是他的情感世界卻可能相當豐富多彩。他必須調整自己，以處理與上級、同事、下級的關係。如果不能討好上級，他或許會從其他人那裡得到同情和支持。他有傾聽者，因而即使一個專橫的工頭，也不能對他為所欲為。從工人的角度來看，這種狀態包括哪些內容，很難做出評判，其中至少包括：因為上級的粗暴批評而產生的不公平感覺，工作夥伴們的同情帶來的支持，與夥伴們合作對抗上級的團隊精神，某些性格強烈的人物從發牢騷中得到的愉快感，也是無法計量的。這些事情發生的時候，問題的重點將會從工作的單調性，轉向情感的激發。」然後，史密斯女士闡述，來自上級的表揚引發另一種情感，只是將對重複工作的關注轉移到社會性環境上的故伎重施。她接著說：「所有的工人都知道，日子的長度不一樣，一個十小時工作日，會短於八小時或九小時工作日。工作還是那些工作，只是整體環境和個人情感的差別而已。有許多對工廠環境的描述，就像是骷髏骨架一般，缺血少肉，或者就像是對動作分解研究以後做出的線架結構複製品；它們描摹的都是對的，但就是缺少人文的東西。」

「我不是要說，重複性工作本身是好東西，問題在於：研究重複性工作的人，總是要面對這些人性的問題，這些問題不應該被漠視。機械論的觀點，就是源於這種忽略。」

「把人們視為機器的某種延伸，這種觀點有時候是含蓄表達的，甚至在討論智力問題的時候也有。有時候，那些負責員工調配的人說話的時候，好像選配人員的事情只要搞清楚以下兩點就可以：①特定工作需要的智識程度，②具有這個智識程度的人。這可能是正確的，即比起不合適者來說，按照此兩點行事或許可以帶來更和諧的關係。儘管如此，對情感差異進行研究，也是同等重要的問題……行為如果涉及高度集中的注意力或是有限的細微調整，心理上的衝突，不管是自覺地還是無意識地，會比粗魯的動作以及粗暴的要求，影響勞動成果的可能性更大。毫無疑問，最好的辦法是救助受難者，儘管這個建議完美無缺到不實際的地步[36]，但是至少這是受難者願意得到的，也有更大的可能來引導他的活動進入另一個境界。在那裡，原有的（智力低下的）弱點，就不會再加上無能為力的感覺，以及隨之而來的沮喪。智慧本身，不是獲致成功的唯一標準。」

最後，史密斯女士回到一個非常重要的問題上，即工業領域的調查研究者，應該以什麼樣的假設作為出發點，應該使用什麼樣的方法來調查研究。「伯特（Cyril Burt）[37]博士在討論少年犯罪問題的時候，非常適當地總結出多重因素決定的理論。這個理論認為：一種特定的結果，不是因為一個因素在所有人身上發生同樣的作用而形成，如果是那樣，這個因素總是會導致同樣的結果。相反地，有許多因素，它們共同作用於特殊性格、氣質、性情的人身上，才決定會有何種結果[38]。」很明顯，在我們可以順利洞察「單調」為何物，以及其在工業中產生何種決定性作用之前，需要充分考慮以下幾個因素：①外部勞動環境，②相關人員的社會個人條件，③個體能力和性格差異。

庫爾平和史密斯在對關於電報員痙攣事件發生率的調查研究中，論證他們使用方法的重要性（研究報告由疲勞研究局於一九二七年發表）。庫爾平博士是精神神經病學的權威專家，或許他進行此項研究的初衷，至少是為了發現一個簡單的辦法，以淘汰比較容易喪失工作能力的電報員。但是，此項調查研究報告的問世，意義遠非只限於此點。實際上，它提出一個方法，使用這個方法，不同個人的「厭倦」感可以被分析，某些情況下可以被解除。

他們對這種調查研究方法做出簡要說明：「一個研究對象（工人），如果只是作為某項工作之特定組成部分的操作者，沒有多大價值。這項工作對於操作者來說，只是工作整體的一部分，是他對行為要求（不管是現實還是想像）的各種反應的集合。有時候，對於個人來說，幻想的生活而不是顯而易見的現實生活，對他更重要。想要徹底瞭解一個人，那是完全不可能的，但是掌握研究對象的足夠明晰的個人觀點，以洞察他做的工作與他對生活的態度之間的關係，卻已經被證明是有可能的。」研究者指出，雖然用「測試」的方法來評價受試者的智力程度現在已經是比較容易的事情，但是想要鑑別構成其個人性格的其他重要品性，卻「沒有可靠的客觀方法」。所以，他們採用如同醫學臨床那樣的訪談方法，「醫生在這樣做的時候，他瞭解到的情況及其解讀，必須建立在相互依賴的基礎上。具體的訪談方法大致如下：

一、對受試者（個體）的一般情況的瞭解，也就是我們耳熟能詳的那些常規問題。

二、以多位受試者（個體）的情況為指引，將受試者外在的行為和表現，與其可能揭露出來的精神狀態，聯繫起來考察。

三、提出有關生活中不同處境的問題，有可能更全面和準確地瞭解受試者，因而證實、證偽、修正先前的印象。

經常發生的是：如果開始訪談，受試者將會傾訴自己的個人情況。此時，調查研究者不要提出問題來干擾他。」

在陳述他們的研究結論的時候，研究者探究一個問題：「為什麼電報行業會有痙攣（cramp）的現象，性質相似的其他行業中卻不存在？」我們可以這樣認為，由於這項工作的特有性質和嚴格要求，痙攣症狀的獨立性及其對行為的影響都發揮作用，促使人們對這個現象予以特別注意。在其他行業中，容易出現痙攣的人可能神經崩潰，但是也可能，許多精神崩潰的電報業內人士，在對個人要求比較寬鬆的工作條件下，基本上可以表現正常。在英格蘭，電報員的職業是終身制，這對某些人具有吸引力。在美國，勞動力流動更頻繁，很難觀察到這種痙

·霍·桑·效·應·

攣症狀。在終身制這個優越性的對立面上，也可以舉出工作職位相對固定的不利之處。」

於是，電報行業特有的「痙攣」症狀，在「其他類似工作性質的行業中不存在」。這種工作的性質「要求嚴格」，工作條件「死板僵硬」，但是儘管英國的電報員受其折磨，在美國的電報員中卻很少發生。這種症狀發生的原因，不是工作性質本身，而是一般環境條件的某些差異——或許是因為美國一九二六年的「勞動流動率」更大，強烈表示：①社會性的行業狀況存在差異；②以精神衝突為特點的個人心態：既要保住這個終身制的職位，又對工作要求嚴格和工作內容僵硬產生越來越大的厭惡感，兩者爭鬥不休。或許，這正是對厭倦（至少是它的某種類型）進行分析的一個步驟。

我已經長篇累牘地引述英國文獻中關於這個意義特別重大的工作進展報告，這是有特殊原因的。之前我敘述的兩個事例是要說明，在美國進行的工業調查，已經被一步一步地引向同樣的方法和假設。這個現象有些意味深長，因為在調查研究的初期階段，美國的研究者和英國的研究者從來沒有聯繫。第一個事例是一九二三年進行的費城調查，另一個事例是在西部電器公司芝加哥霍桑工廠（Hawthorne Works）進行的為期五年的調查。

「單調」這個詞語，如同疲勞，是用於表示在工人們身上發生的任何程度的失衡。這種失衡，或是使得工人們不能繼續工作，或是只能在低活動程度上繼續工作。對於不同的個人和

為什麼物質激勵不總是有效的？

不同的狀況，失衡會有多種多樣的表現形式。深入瞭解這些狀態，以尋找外部條件中（有些也是在個人自身內）產生作用的一個因素或多個因素。失衡，用卡農博士的話來說，既有對內反應的失衡，也有對外反應的失衡；既有個人內部的不平衡，也有個人和自己的工作之間的不匹配。但是，無論是調查研究人員還是其直接指導者，都無法確定和說明造成此種狀況的外部條件。

霍桑效應

1. 工業疲勞研究委員會（Industrial Fatigue Research Board），第二十七號報告。——原注

2. 軍需用品勞工健康協會（Health of Munition Workers Committee），第二號報告，H.M. Vernon。——原注

3. 第四個年度報告，一九二四年九月，第十六頁。——原注

4. 引自阿奇博爾德・希爾一九二七年在「羅威爾論壇」（Lowell Lectures）上的演講。後來以《生活機器》（Living Machinery）為題，一九二七年由紐約 Harcourt, Brace & Co. 出版社出版。——原注

5. 阿奇博爾德・希爾（Archibald Vivian Hill），英國心理學家和生物物理學家。一九二二年，因為闡明肌肉活動生熱現象而獲得諾貝爾生理學獎。——譯者注

6. 欽定講座教授（Regius Professor），是一種學術地位崇高的「皇家」大學教席，英國幾家歷史悠久的頂尖大學才有，例如：牛津大學、劍橋大學、聖安德魯斯大學、格拉斯哥大學、亞伯丁大學、愛丁堡大學。——譯者注

7. 《工業心理學》（Industrial Psychology），紐約人民協會出版公司，第四十四頁。——原注

8. 《工業心理學》（Industrial Psychology），紐約人民協會出版公司，第七十一頁。——原注

9. 《工業心理學》（Industrial Psychology），紐約人民協會出版公司，第七十四頁。——原注

10. 愛德華・普羅文・卡斯卡特（Edward Provan Cathcart，一八七七～一九五四），英國著名生理學家，曾經擔任格拉斯哥大學教授。——譯者注

11. 卡斯卡特《工業中的人為因素》，牛津大學出版社，一九二八年版，第十七頁。——原注

12. 《工業心理學》（Industrial Psychology），紐約人民協會出版公司，第二十～二十一頁。——原注

13. 《企業與科學》（Business and Science），斯爾文出版社，第一一二頁。——原注

14. 勞倫斯・約瑟夫・韓德森（Lawrence Joseph Henderson，一八七八～一九四二），美國著名生物化學家和社會學家，曾經擔任哈佛大學生物化學教授、生物學教授、疲勞實驗室主任。——譯者注

15. 韓德森《事實的近似定義》（An Approximate Definition of Fact），加州大學，哲學出版物，第十四卷，一九三二年三月，第一八三頁。——原注

16. 《科學》雜誌，一九二九年二月八日，雷蒙・皮爾（Raymond Pearl）——原注

17. 一九二八年十月十日，第六十六卷，第二期。——原注

18. 阿奇博爾德・希爾《生命機器》，第一三六頁及以下。——原注

19. 博克、迪爾「工作中的人的動態變化」（Dynamical Changes Occurring in Man at Work），《生理學雜誌》（The Journal of Physiology），第六十六期，一九二八年十月十日，第一五九頁。——原注

20. 希爾、愛德華茲（H.T. Edwards）《外部溫度對身體機能的影響》（Physical Performance in Relation to External Temperature），一九三二年版。——原注

21. 胡佛水壩，也稱為圓石大壩（Boulder Dam），以美國前總統胡佛的姓氏命名，位於美國科羅拉多河上，建於一九三一～一九三六年，時值美國經濟大蕭條時期，數千個工人參加建壩，死亡人數超過一百人。——譯者注

22.《生理學雜誌》（The Journal of Physiology），第六十六卷，第二期，一九二八年十月，第一六二頁。——原注

23.《生理學雜誌》（The Journal of Physiology），第六十六卷，第二期，一九二八年十月，第一五九頁。——原注

24. 洛夫金「工廠條件下的人工效率的量化測量」（The Quantitative Measurement of Human Efficiency Under Factory Conditions），載於《工業衛生雜誌》（The Journal of Industrial Hygiene），第十二卷，第九十九～一二〇頁，第一五三～一六七頁。——原注

25. 迪爾（David Bruce Dill）《人事部》（Personnel），美國管理協會，一九三三年五月。——原注

26. 卡農（Walter Bradford Cannon，一八七一～一九四五），美國二十世紀貢獻最大的生理學家之一，曾經擔任哈佛醫學院心理學系教授，將X射線用於生理學研究的第一人，餵餐設計者，提出生物體「自穩態」理論。卡農的情緒理論，被稱為卡農-巴德學說。——譯者注

27. 懷亞特（Stanley Wyatt），英國工業疲勞研究委員會研究人員，參加許多研究報告的撰寫工作，著有《工作單調的影響》（The Effects of Monotony in Work，一九二九）。——譯者注

28. 貝德福德（Bedford），當時為英國工業疲勞研究委員會研究人員。——譯者注

29. 原書缺少注釋。——譯者注

30.「關於工作時數的兩項研究（Two Studies on Hours of Work）」，工業疲勞研究委員會，第四十七號報告，第三～五頁。——原注

31. 「關於工作時數的兩項研究（Two Studies on Hours of Work）」，工業疲勞研究委員會，第四十七號報告，第十六頁。——原注

32. 斯庫拉（Scylla），希臘神話中吞吃水手的女海妖；卡律布迪斯（Charybdis），座落在斯庫拉對面的大漩渦。西方諺語用「處於斯庫拉與卡律布迪斯之間」來比喻進退兩難，腹背受敵。——譯者注

33. 梅·史密斯（May Smith），英國工業心理學家，英國工業疲勞研究委員會高級研究人員，一九一〇～一九三〇年，在相關研究中建樹頗豐。——譯者注

34. 米萊斯·庫爾平（Millais Culpin，一八七四～一九五二），英國心理學家，一九二〇年代，潛心研究醫學心理學和工業健康問題；一九三一年，擔任倫敦大學衛生與熱帶醫學院工業和醫學心理學教授。——譯者注

35. 工業疲勞研究委員會，第四個年度報告，第二十六頁以下。——原注

36. 意為不可能實現的理想化建議。典故出自《聖經》馬太福音第十九章第二十一節，耶穌試圖教化一個向善而富有的年輕人：「你若願意做完全人，可去變賣你所有的，分給窮人，就必有財寶在天上，你還要來跟從我。」那個人聽後深為憂傷，轉身離去。——譯者注

37. 西里爾·伯特（Cyril Burt，一八八三～一九七一），英國心理學家，長於教育心理學和心理學資料分析。去世以後，其有關智商遺傳的研究，被指證存在欺騙行為。——譯者注

38. 工業疲勞研究委員會，第四個年度報告，第二十九～三十二頁。——原注

一第八章一

警惕非正式群體降低執行力

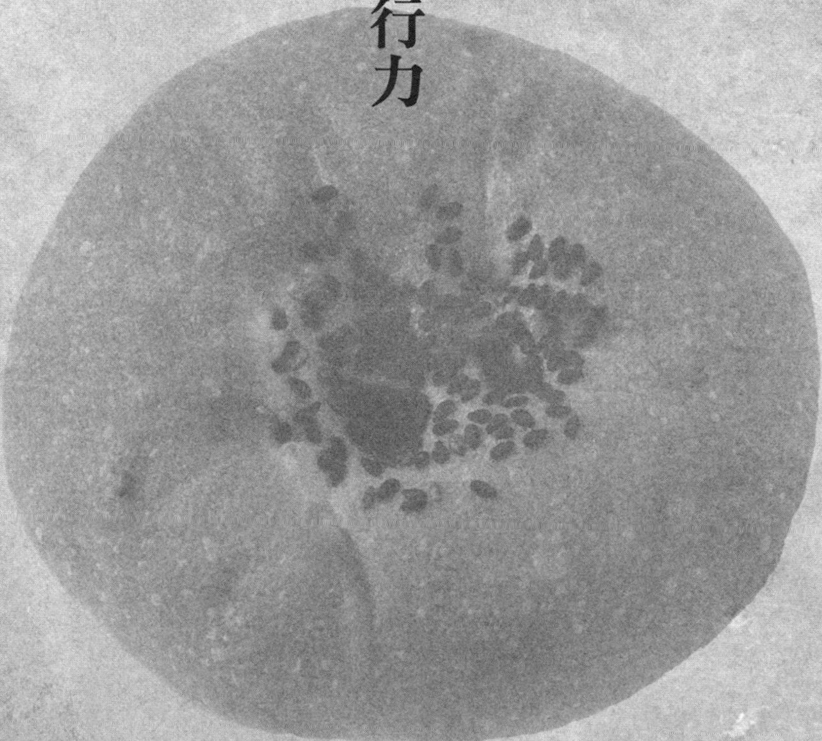

還有許多工業領域中關於人的調查研究，或是與工業有關的對人的調查研究，本書沒有述及。例如：關於職業選擇和職業指南的調查研究成果、智識能力測試的進展、與營養和體格相關的生理學研究，或是對工作和活動中身體姿態進行的生理學研究，所有這些調查研究都是重要的，其意義之重大已經是不爭的事實。

但是，想要在十個章節中全面論及如此廣泛的領域，那是不可能的。在本書中，選擇哪些研究成果進行報告，不僅只是根據一個事實，即引述的研究都是目前哈佛大學以合作的方式正在進行，而且還有另外兩個標準：第一，本書討論的這些各種各樣的研究，例如：生物化學的、醫學的、工業和人類學的研究，顯示出相互關聯形成一個整體跡象，這種相關性如果繼續發展，將會增加我們對工業文明中人的問題的理解和控制。第二，本書探討的問題，在目前世界局勢和狀況下，具有特殊的重要性和緊迫性。事實上，這是一些我們對其現狀瞭解最少的問題，是最強烈需要專業關注的關於人的課題。

在霍桑工廠後期的一次實驗中，我和同事們想要測試計件薪資制度對工人們產生怎樣的影響。我們挑選十四個男工人，他們將會在單獨的工廠裡從事繞線、焊接、檢驗工作。就像我說的，對這個班組實行特殊的計件薪資制度，工作努力的工人可以得到明顯更多的獎金。

按照設想，這個班組的產量會超過其他班組，因為對於工人們來說，獎金是很豐厚的。但是，一個意料之外的情況出現了：在最初一個月，這個班組的日產量相對比較高，但是在接下來的幾個月，產量只保持在中等程度上。這是一個讓人困惑的情況，因為研究人員調整福利和休息時間，並且與工人們進行個別談話，產量還是沒有明顯提升，好像所有措施和物質激勵突然失去作用。

透過觀察，研究人員也注意到幾個異常的情況：首先，班組內的十四個工人日產量平均都差不多，而且曾經發現有些人沒有如實報告自己的日產量；其次，對個別工人的訪談沒有達到應有的效果，這個班組的工人似乎不樂於與研究人員或管理者接觸。這種情況使得我們對這個班組產生好奇，在進一步觀察中，發現這個班組似乎成為一個特別的團體，一個利益共同體。例如：為了維護這個團體的利益，工人們制定一個作為標準的日產量，十四個工人每天按照這個產量工作，不能太多也不能過少。同時，團體裡的每個人都要自覺地保守秘密，不能向研究人員或管理者透露。他們甚至還有違規的懲罰措施，如果有人違反上述約定，就會被其他人排斥，輕則挖苦謾罵，重則拳打腳踢。

在這裡，我們有兩個問題：第一，工人們為什麼不願意提高日產量，拿更多的獎金？第二，這個群體究竟是怎樣形成的？

第一個問題很快有答案。工人們之所以維持中等程度的產量，是擔心產量提高，管理者會改變現行獎勵制度，導致工人們薪資降低；或是因此裁減人員，使部分工人失業；或是使動作比較慢的同事受到懲罰。這是讓人驚訝的部分——工人們為了維護班組的團結，甚至拒絕獎金的誘惑。這個班組儘管人員不多，而且組織鬆散，但是卻在事實上成為一個群體，或是可以將其稱為「非正式群體」。

第二個問題是我們必須要重視的。**在一個存在社會交往的組織內部，非正式群體的形成簡直是一種必然**。組織成員之間天然存在的好惡、情感、態度、利益關係，在外部環境的作用下，將會自發形成小型群體。這種群體有自己特殊的行為規範，對人們的行為產生調節和控制作用，與此同時，內部的合作關係也得到加強。

必須指出，在任何組織中都存在許多非正式群體。我們回顧在費城和霍桑的現場實驗，都發現這一點。一個組織中的成員總是有各種需要，其中有些可以透過整體福利調整和溝通滿足，但是有些很難從正式群體中獲得。正式群體是按照明確的規章制度而運行，使得成員之間存在各種職責和層級關係。在這種「管理與被管理」的角色塑造下，他們的心理需要和感情需要難以得到滿足。在非正式群體中，員工之間的這種非工作關係和自發關係使他們在這個方面的空白得以彌補。需要的滿足對員工們的工作積極性影響很大，進而對群體目標的實現和群體的工作效率產生重要的影響。

非正式群體帶來的問題也是顯而易見的——它的存在可能會給整個群體的管理帶來一些負面影響。**組織中的群體具有一定的傾向性，這種群體中普遍存在一種「從眾心理」，也會導致某種傾向的加劇**。此類非正式群體容易形成一種「集體思維」的模式，成員之間對群體共同認可的規範準則抱持完全信任的態度，呈現一種「心理相容」的趨勢，並且盡力對其做出一致的解釋。由於非正式群體具有一套非成文性規範並且以之對其成員施加壓力，使其表現出一致向外的行動傾向，從消極的一面來說，如果此傾向與組織整體的目標相衝突，就會損害組織的執行力，有時候甚至會產生嚴重後果。

有時候，非正式群體還會從內部撕裂組織。群體中的成員在獲得「歸屬感」和「安全感」的同時，如果整個群體的結構功能發生變革，或是群體制度的變動危及這種非正式群體的存在，其成員就會一致抵制這種變革，進而阻礙群體改革的過程。

不僅如此，一般情況下組織中的這類群體不允許有表現不同的成員出現。如果出現這種成員，非正式群體會將其視為背叛者，疏遠並且孤立這種成員，直至將其趕出群體，這種行為將會影響到整個群體機能的正常運行。

在消極性方面，我們可以想到的還包括：非正式群體成員之間的交往十分頻繁，資訊傳遞非常快捷，但是容易導致小團體主義，對群體的資訊傳遞、人際交往、功能運作產生阻礙甚至扭曲的不良影響。

非正式群體無法徹底根除，並非所有企業內部的非正式群體都會阻礙發展。事實上，我們也觀察到積極型的非正式群體。因此，企業管理者可以做的就是強化正式組織，對非正式群體進行正確而合理的管理和引導，這也是群體管理獲得成功的重要前提。

—第九章—

團隊合作與新型管理者

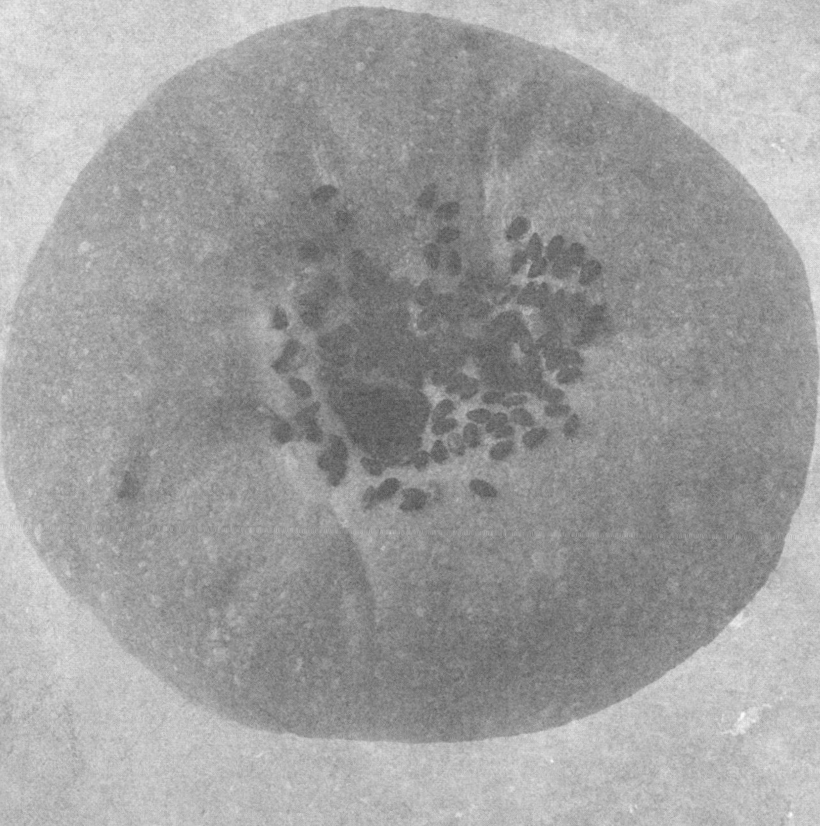

·霍·桑·效·應·

一位澳洲的著名醫生來信表示，大學裡對於現代世界人與人的關係進行的密切研究是讓人滿意的。這封信還說：「除了對於如何和平友善地生活之外，科學使我們發展對所有事物的知識。」最近幾年，在技術上的發展是驚人的，例如：航空、雷達、青黴素，但是同時，我們應該對社會關係上的無能為力感到慚愧。現在遠隔萬里的人們可以擺脫電線的限制互相通話，二十年以前需要走三個星期的路程，例如：從美國舊金山到澳洲雪梨，現在只需要幾天就可以到達。某些肺炎和其他疾病，幾年以前還是無法醫治的絕症，現在卻已經完全不用擔心。

我相信，我在現代工業的人事問題和社會問題上提供的一些事例，足以顯示這些問題在現實生活中的概況，我的同事和後繼者將會對此不斷加以糾正和發展。我們在選擇的旅程上並未走得太遠，但是有時候對一個看似十分簡單的事件深入觀察的重要性，遠遠超過思想上的啟發。我們已經走過將近兩個世紀的現代文明，但是在人們合作能力上卻完全沒有擴大和發展，在發展物質科學的堂而皇之的名義下不知不覺地做出許多事情，損害團體合作和處理人事能力的提高，這件事情就是一個有力的例證。近乎瘋狂地發展技術能力損害人和人的關係，但是卻完全沒有挫傷人類要與別人在工作中融洽結合的願望。我們擁有的證據[1]支持菲吉斯的主張，這個願望是深入人性而發自本能的，而且一定會千方百計地找到它表達的方式。但是，目前大多數人正在把精力全部放在使高度的物質享受標準惠及最低層級的公民，卻完全不能保證每個人可以熱烈地和發自內心地參與團隊的努力，我們高度的技術文明對於促進必需的合作態度的方法還是一無所知。相反地，工業卻經常使人們的心靈充滿煩惱、懷疑、敵視、仇恨。所以，文明在二十世紀的後半葉的發展趨勢是分裂成許多團體，這些團體之間很少有共同的聯繫，彼此猜忌，隨時準備在不負責任的演說家或政治家的挑撥下產生相互之間的仇恨，就是這種情況使這個世界的希特勒式的破壞份子們找到他們的機會。

我在上文中曾經引用道森的話：現代機械文明的日益複雜要求有一個相應複雜的組織，這個組織的複雜性不能只局限於物質因素的方面。我們必須承認，從整體上看，我們現在不具備創造一個複雜程度更高的組織的能力。一個工業家可以很容易地假定物質因素和技術因素具有絕對優勢的重要性，進而忽略或輕視工人們積極和自發的參與這種努力的需要。但是事實是：一個工業組織越龐大，對技術上的依賴就會越少，這個團體的每個成員自發參與和人際關係上的合作依賴程度就會越大。

羅斯利斯伯格這樣認為：我們現在的工業文明是在浪費它生存所依託的資本，這筆資本就是多少世紀以來形成的生活方式遺留給我們的人類的善意和自制。他在《哈佛商業評論》最

·霍·桑·效·應·

近發表的一篇論文中指出，在我們研究的工業情況裡，我們經常在底層的行政管理機構裡找到「非常善於合作的人」，但是這些人在行政管理上的重要性卻「很少被承認」。這些人的「很大一部分」依然留在管理機構的底層，因為目前企業管理的普遍理念更重視技術上的勝任，在人事處理上的能手卻無法得到承認和提升。他聲稱，正是因為有這些人的存在，「現代技術的無韁之馬，才不會使他們陷入傾覆和滅亡」。但是這些人不受注意，無法得到相應的報酬，他們轉業以後也無法得到及時的補充。目前還沒有一個大學注意到這個事實，物質供應只是文明的責任之一，文明還有責任要維持合作的生活。這兩項責任，在任何時代的任何社會中，哪一項受到忽視，哪一項就會變得更重要。我們現在面臨的情況就是這樣，我們關於文明的理論也是出於這種假定——既要保持技術和物質的進步，更要重視人們之間的合作。工作中的士氣保持總是被說成無足輕重和不可捉摸，這種說法助長一些荒謬的意見，即認為工程師、經濟學家、大學學者不應該對於這些事務進行注意和研究，但是我提出的事例與這個觀點正好相反。**事實證明，對合作士氣進行的理性鼓勵和發展（不是用感情而是用理智），已經在費城、霍桑的實驗室、丙公司、加州的帶頭工人的工作中，發生一種可以明確衡量的重大改變**。他們增加生產和減少浪費，降低缺勤率和轉業率。事實上，那些認為這類事務沒有太大用處的人們，錯過自己可以系統改進一個工作部門的合作士氣的方法，而且每次聽到這是行政管理者必須做的任務的時候就會感到厭惡。這些人依靠一種毫無根基的自負，或是一時激昂的心情，或是一些拙劣的技巧，例如：見到每個人的時候，說一聲「早安」。正是這些人頑固地表示瞧不起運用和發展「感情」的方法。在我們看來，他們用這些拙劣的方法來代替理智的調查和瞭解，簡直是一個滑稽的喜劇。可是，二十世紀的文明讓人失望地並未展現比這個情景更美好的局面，喜劇的因素就變成悲劇。我們擁有的時間不多，我們已經看到國際社會和國內社會分裂成許多前所未有而互相為敵的團體，非理性的仇恨正在快步蠶食合作的精神。從歷史上看，這個局面是許多有活力的文化即將崩潰的前兆。如果我們沒有立刻把這個問題明確提出來並且加以解決，努力創造一個比現存公共生活、個人生活、學術生活更優異的社會，文明的命運將會跌入深淵。社會生活從某種程度來說，類似於生物現象，即一個生物體成長到一定階段，就會開始病態地生長。正常的社會關係瀕臨解體的時候，從友誼和寬容到懷疑和仇恨只有一步之遙。

希爾博士不是唯一對我們的現狀和前途感到憂慮的學者，過去五六年的時間裡，一個關於科學、哲學、宗教的會議，每年九月都在紐約召開。這個會議是由牧師芬克爾斯坦博士在許多美國學術界名人的積極協助下組成，會議曾經討論「團體緊張狀態」這個題目，也就是我們經常看到的社會上不同的團體之間日益增長的敵視和仇恨，今年這個會議討論的題目將是制止這個迅速將人類引向災難的方法和可能性。這種討論是非常必要的，也是非常有意義的，但是在日內瓦遇到的困難卻再次發生。那些對於以上所說的第三個步驟，即明確表達成熟處理事務的邏輯含義的能力，讓訓練有素的科學家和哲學家對事實的第一手資料引起足夠的重視，也沒有提升他們處理事物的能力。包括行政管理者在內的其他管理者也許具備一些基本的處理事物的能力，但是普遍缺乏將他們行使的本領表述清晰的邏輯表達能力，以至於使得他們處於不利地位。我們沒有訓練學生們怎樣去研究社會情況，我們一直抱持這樣的想法：在一個現代和機械進步的時代，有第一流的技術訓練就足夠。結果是：我們的技術超越歷史上任何一個時代，但是與此極不相符的是我們的社會能力正在趨於完全無能。

這個教育和行政管理上的缺點，最近幾年已經深深威脅到整個文明的前途。因為，就像人們合作的意志是發自本能的，對異族或是其他團體產生恐懼和仇恨也是深入人性的。我在另一處曾經引用芮克里夫-布朗對澳洲西部黑人進行人類學研究的結論，他和跟隨自己的黑人一起接近一個土著營帳的時候，這個部落裡有一位老者站出來，極為詳細地盤問那個黑人的家世。只有證明這個黑人與這個部落有親屬關係，他才會被允許進入這個營帳。否則，他不僅不會被允許進入營帳，而且生命也會面臨危險[2]。這是所有原始人的特點，「非我族類，其心必異」，我們彷彿自然地對非合作關係的團體成員抱持懷疑和猜忌的心理，進而演變成敵視和仇恨。

我們不需要詳細研究原始人也可以證實這一點，因為在我們日常經驗中到處存在這種事例。孩子們的遊戲場、工業裡的工廠、教堂都有鮮活的案例，使每個讀者對此表示贊同。在加州的研究中，帶頭工人的團體凝聚的那種合作精神，同時必定帶有對其他工人和團體的懷疑和敵對的態度，這個團體是以「不與別人來往」而著稱。外界的混亂不僅加強這個團體的士氣和力量，而且加深它與眾不同的象徵。戰爭時期的加州雖然是一個極端的例子，但是足以提供這種人類社會問題的例證，這種例證在未來千變萬化的社會中會反覆出現，必須藉助行政管理的合理手段加以處理。在我們早年的社會裡，民族團體或地方團體之間比較容易發生衝突，這些相對比較不難處理。但是在現代技術文明中，這種潛在敵視卻滲入社會裡，需要使用明智的方法，不能只依靠傳統和例行的處理手段。在當下，管理者經常成為一個對這種感情的頑固懷疑者和堅定反對者。

現代文明急需一種新型的管理者，可以置身於自己所處和浸淫的形勢之外。**將來的管理者一定要實事求是和深入理解人性和社會上的各種事實，不受自己的感情和偏見的制約。**他們必須經過細緻而系統的訓練才可以獲得這項本領，這項訓練裡一定包括關於熟練的技術、系統的工序、合作的組織等基礎知識。我在這本書裡從頭到尾主張的這個第三項——合作，是現在和不久的將來最重要的一項。我的理由就是：目前在大學裡、工廠裡、政府裡，它都被不合理地忽視。

·霍·桑·效·應·

1. 參見梅奧和隆巴德的《加州南部航空工業的團體合作和勞工轉業》，第二十八頁。

2. 參見芮克里夫-布朗的《澳洲西部的部落》，《人類學學會雜誌》，一九一三年，第一五二頁。——原注

一第十章一

進步、效率、烏合之眾的假設

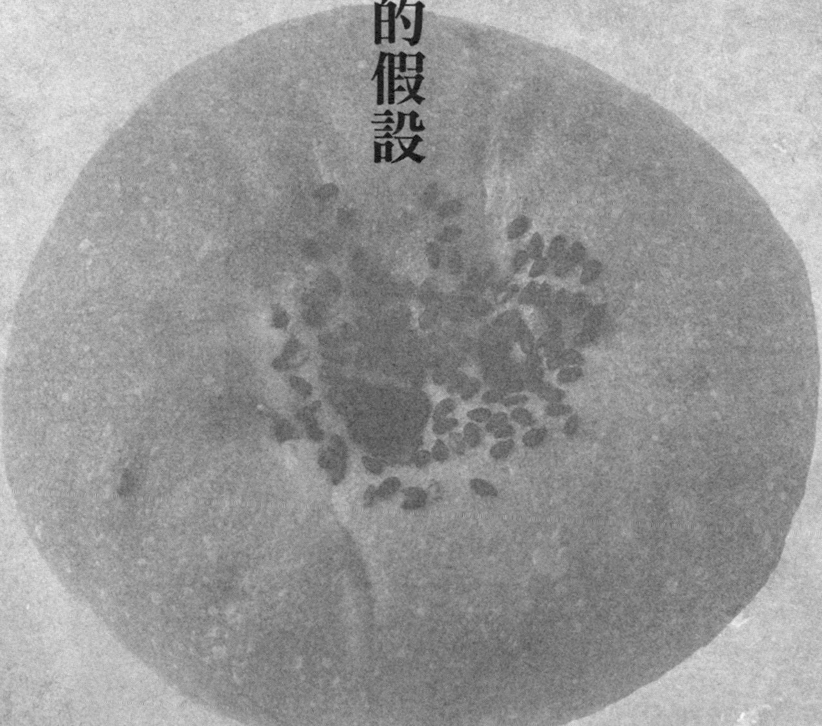

·霍·桑·效·應·

一

近兩個世紀以來，經濟學研究被認為可以有效促進人類文明的發展。在某些特定領域，其具體的針對性研究也確實滿足人類文明發展的需要。例如：在成本會計[1]、貿易理論、大規模工業生產領域等方面的問題上，確實發揮日益強大的能力。但是在這些領域中已經發展出來的在實際中表現出價值的經濟實踐，卻與這些古典的經濟理論相距甚遠。卡爾曾經指出，最近幾年在經濟理論和經濟實踐之間的慢性分離已經比以往任何時刻更明顯[2]，他描述經濟學研究為在經濟實踐高速行駛的列車裡「無精打采而手足無措地提出抗議」。巴納德[3]自己就是一個經驗豐富的管理者，他認為在工業中有效的領導，也就是成功的管理，「必須以正確的直覺作為基礎，儘管教條會否定它們的正確性[4]。」

經濟學理論和實踐相互分離為我們提出一個問題，那就是經濟學理論在其原始現場和實踐中是否契合於其研究的實施。科學源自於現場，而發展於實驗室。在現場中，研究者用極其簡單的邏輯去考察複雜的事實；在實驗室中，從現場得來的專業技能將複雜的事實抽離出來加以分別研究，如果取得成果，就可以發展形成高級複雜的邏輯。這兩種方式互補和發展——簡單邏輯和複雜事實，簡單事實和複雜邏輯。但是即使實驗方法採用高級的研究技術來輔助臨床觀察，最終還是要由臨床人員在科學方法和經驗的指導下，綜合瑣碎複雜的資料，對特定病例進行診療。經濟學研究與其他人類研究一樣過於追求引入實驗方法，但是卻忽視對實際經濟領域各個方面不間斷地進行詳盡研究的必要。**這種現場和實驗方法之間的關係，正是科學方法的關鍵所在。**

大家有必要知道，對於經濟實踐及其與社會政治的關係來說，自從十九世紀早期以來，實際的工業狀況已經發生巨變。卡爾在前文提到的書[5]中指出，在古典經濟學家生存的時代，工業體系主要由小規模的工商業構成。其中所蘊含的意思是：整個競爭及價值學說是以當時實際社會狀況為基礎。我的一位已經去世的前同事，經常提起自己早年在新英格蘭的生活就是這種社會特徵。他經常提起在五六十年以前，新英格蘭的手工業作坊和工業都是規模很小的組織。它們也許可以雇傭到上百人，但是在這種企業中，所有者很少可以經營兩代以上，至多不超過三代。卡波特認為造成這種現象的原因是因為創業者的經營管理能力通常不會傳承超過兩代，但是他指出這種企業的停業不會引起所在區域的社會問題。因為一個企業停業之後，當地的其他競爭者會隨之發展起來，即使還沒有將那些企業中的熟練技工雇傭到自己企業，也已經開始有此準備。因此，這個企業即使關閉，也不會在當地引起失業擴大的社會問題。但是在現代社會中截然不同。在二十世紀三〇年代初期的經濟大蕭條中，很多原來雇傭三萬～四萬個工人的製造業企業遭遇產品需求大量下降的情況，有些企業的員工數量降至一萬人或是更少的程度。這不表示企業經營者是不顧工人們死活的鐵石心腸，在很多事例中，企業經營者致力於在其公司不至於造成經濟危機的限度內盡最大努力去保有更多的員工，這個努力持續數年之久。但是在當時的經濟情勢下，這樣的努力註定要失敗。在另一些工業區，幾個月之中，數以萬計的工人不可避免地被「免除」工作。諸如此類的情形，就無法與卡爾和卡波特所謂的十九世紀具有的特點相比[6]。大城市的二至三個郊區，這些被解雇的員工會成為社會的頭等問題。十九世紀的方法已經行不通，因為這個問題無法用「個人主義」或是「良性的個人利益」方式來解決。卡波特習慣地說，不能寄望有某個企業在經營兩三年之後自然結束，由於我們已經改進工業的組織方式，已經促使企業成為「不死的新物種」，它遭遇危機之時，社會必須伸出援手。

這些都表示，十九世紀經濟學理論抱持的主要假定已經無法立足。甚至在一個世紀之前，人們還會輕信「個人追求自身利益是經濟理論的基礎」這個根本原則是合理的。雖然目前還有經濟學家和政治學家鼓吹這個假設，但是顯而易見的是經濟和政治實踐已經建構在截然不同的社會概念上。理論與實踐的脫節，可能在某種程度上是現存政治——經濟討論中混亂的來源。

學院派的經濟學家仍然遵循經濟人假設[7]以作為發展其經濟理論和見解的基礎，管理人員卻得益於處理人際關係的經驗，將工作建立在與理論家相反的源自於實踐的假設上。因此，不僅在民眾的視野裡，而且在經濟學家的著作中，也引起無盡的混亂。實踐經濟學家雖然立足穩固，但是受制於現場經驗的匱乏，難以與理論相聯繫。

我們現在談論的經濟學理論濫觴於重農學派思想[8]，其中具有代表性的是曾經擔任法國國王路易十五醫生的魁奈[9]在一七五八年出版的著作《經濟表》。吉德指出，不久之後就有一批名望之士成為魁奈的信徒，並且使用重農學派經濟學家這個稱謂[10]。魁奈在經濟研究中引入兩個新觀點：一是重農輕商，這個觀點很快就被拋棄；二是「人類社會自發秩序」的概念。這也是重農學派的基礎概念，他們認為人類一定要學會順應自然，尤其是順應人性來生活，政府必須放棄法律制度的繁文縟節。他們必須學習順應事物本質自由發展的生存——Laissez faire[11]，自由放任。重農學派被英國經濟學中的自由主義學派，也稱為曼徹斯特學派繼承發揚。在相當長的時期裡，重農學派的概念，Laissez faire，自由放任，竟然成為格言。吉德指出自由主義學派有以下三個基本原則：

（一）人類社會在自然法則的管轄之下，我們無須對此有所改變，即使我們想要這樣做也是徒勞的，因為創世者不是人類。即使我們可以改變也是毫無裨益，因為其本質就是完美的，或是至少在我們可以得到的部分中是最完美的。經濟學家的職責就是揭示這些自然法則的運行，個體和政府的職責是遵循自然法則來調節自身的行為。

（二）這些法則與人類自由不衝突，相反地，它們是社會中的個體按照自己利益不受束縛的自由行為所產生的自發秩序關係的表現。如果可以做到這樣，這些外部看來相互對立的個人利益之間就會產生和諧關係，這種和諧正是事物發展的自發秩序，也強於任何人為設計的秩序。

（三）對於立法者而言，想要達到社會的有序發展，必須盡力促進個人主觀積極性的發揮，並且摒除阻礙這種發展的因素，消除個人的干擾。因此，政府的管理應該做到最大化的無為，發揮作用的方面應該只限於社會公共安全等必要的措施——概括來說，就是「自由放任」[12]。

這些原則簡單地概括十九世紀政治經濟思潮的背景。其中，對於人類合作的闡釋至今仍然具有值得稱讚的重要現實意義。「闡釋這個內容的自由放任主義經濟學家遇到的主要困難在於無法自如的闡述上述提及的第二個原則，也就是社會中的個體按照自己利益不受束縛的自由行為所產生的自發秩序關係。」

卡爾也正確地找到曼徹斯特學派發揚這個原則的缺陷，他認為自利動機是這個學派闡明的經濟學理論在邏輯上的第二步。但是如果按照卡爾對自利動機概念的解釋，過於偏重於經濟領域。十九世紀的經濟學理論傾向於將企業組織的基礎建構在某些自利動機支配的經濟人假設上，從這個方面來說，卡爾是正確的。但是卡爾之後又表示這些原則確實在現實中發揮作用，是企業組織的現實基礎。對此，我們不以為然，假使反過來說這些原則沒有發揮作用，可能更接近事實。

整個經濟學理論基礎偏頗的源頭一定要上溯到李嘉圖[13]，他是將「社會中人與人之間自發秩序的關係」這個狹隘的概念作為這門學科的抽象原則的始作俑者，他的經歷也解釋自己做如此設定的原因。

李嘉圖的父親在十八世紀後期由荷蘭來到倫敦。在這裡，他設立一個股票經紀事務所。李嘉圖十四歲就在這個事務所工作，直到二十一歲與威爾金森小姐結婚以後，他轉為一位基督徒。結婚以後，他不得不離開一直工作的事務所，轉而在鄉間購置一處產業，與妻子一起定居生活。根據其傳記記載，他「專心於自己的科學探求」，也就是撰寫自己的經濟學著作《政治經濟學及賦稅原理》。

李嘉圖的經歷很容易說明他在討論財政、稅收、地租方面展現的天賦，但是其在股票經紀事務所的七年從業經歷卻不得不讓我們對他對於「社會中人與人之間自發秩序的關係」這個假設的瞭解抱持懷疑的態度。在股票經紀行業，對團體行為以及團體內個人行為的表現可能是最低的。儘管如此，李嘉圖對人類社會性質的假設至今還是不乏追隨者。對於當代李嘉圖學派理論最清晰的闡述，莫過於《論經濟科學的性質和意義這篇文章》[14]。作者羅賓斯教授對這個論題的界定很清楚，「我們人類已經被驅離伊甸園，既沒有不死之法，也沒有完全滿足欲望的終極方法。在任何時間，我們選擇得到一個東西，就要放棄另一個東西，放棄的東西正好是在其他場合中我們不願意放棄的。對於滿足我們無限欲望的方法的欠缺，伴隨我們生存的始終[15]。」他繼續說，「於是，就可以從此得出經濟學共同的主題：人類活動為了克服稀有性[16]所採用的理論和方法。」這種抽象理論是完全符合理性的，前提是必須從嚴謹的邏輯推理和實驗證實所獲得，在研究過程中還要克服無關事件的干擾，無論這種干擾在其他方面是多麼重要。不限於此，魁奈在其《經濟表》、亞當・斯密[17]在其《國民財富的性質和原因的研究》、李嘉圖在其《政治經濟學及賦稅原理》中，都不同程度的包含這個抽象的概念。只要這種「人類活動為了克服稀有性所採用的理論和方法」還是社會的一般特點，關於市場、供需、價格、邊際生產、經濟地租的研究，就是必要而且將會繼續存在的。所以，經濟學家對於任何涉及社會均衡理論的建樹都是富有價值的，經濟學也發展很多有利於經濟實踐者從事其專業的技能。一般性的混淆不只發生在經濟學的抽象領域中，也發生在同樣致力於社會均衡研究但是缺乏這種相應的普遍概念的社會科學領域中。經濟學家不僅僅要求我們接受這個世界「生存的只是自利的經濟人，或是追求享樂的機器……經濟分析的根本概念是相對價值尺度[18]。」

經濟學假設得到滿足的條件是什麼？讓我們回到李嘉圖身上，我們可以將他的研究和理論邏輯歸因為三個前提條件，它們分別是：

（一）自發社會是由一群無組織的個體所構成。

（二）每個個體行為的動機都是自我生存和自我利益。

（三）每個個體都是盡全力圍繞這個動機展開邏輯思考。

1. 作為由一群無組織個體組成的自發社會

在李嘉圖所處的時代，霍布斯以及盧梭[19]的社會契約論等理論的影響仍然非常強烈。社會契約論至今還在一些我們無法料及的領域發揮作用，這個理論將自然人的生活看作「孤獨、貧困、骯髒、殘暴、早夭」。從自然人轉為社會人的過程中，就包括對於自然欲望的謹慎限制，但是作為補償，人們將會獲得社會合作帶來的一切利益。這個教條作為理性主義者對原始社會誇張的虛構，在李嘉圖之後的時代被格林全面地批駁[20]。更近一些，由於現代人類學田野研究的發展，徹底摧毀這個理論的立足點，但是對於當時的李嘉圖以及其同時代的人而言，這個假定是顯而易見而且無須辯駁的。

而且，李嘉圖的某些描述還是可以適用於現在社會，甚至適用於任何時代。我們假定極端事件打破一個社會團體賴以維持的合作體系，同時又沒有天降聖人帶領人們走出困境，社會將會分崩離析，作為自發秩序的個體將會回歸到自我生存和自我利益的方向。這種假定可能人為地誇大經濟學關注的人類事物的某個方面，但是我們應該知道，我們確實會遇到生活必需品極度短缺的情況，這或許對我們而言是最常見也是最嚴重的危機，因此現代人類學的結論不能讓我們完全拋棄李嘉圖的已有結論。

2. 個體和自我生存的動機

我們對於短缺的假定很清晰地支持和引出對有限生存手段的競爭概念，這種競爭可能非常容易出現在不存在私人關係的市場以及對外貿易和交易所中。如果不存在社會組織去領導和配置生活必需品，李嘉圖的經濟邏輯中得出的原則就會派上用場。正如經濟學家指出的，社會解體和缺乏社會組織是人類社會至關重要的問題，這些問題也是迫切需要我們這個時代密切關注的。

3. 每個個體為了這個動機進行邏輯思考

如果只把這句話解釋成個體隨心所欲就是合乎邏輯的當然是不對的，然而它不是完全沒有道理，在其初始規定的有限範圍內，這個假定還是正確有效的。換句話說，一個人的思想不會一直具有邏輯性，例如：面臨其思維習慣完全不使用的緊急狀況的時候，就會失去其邏輯性。因此，我們可以認為，人們系統思維能力的價值主要表現在應對突發狀況的權變能力。

經院學派心理學經常進行這樣的表述：邏輯思維能力是成熟的人們的一種持續性的功能，這種功能是由嬰兒期的邏輯模糊不清的行為發展到具有成熟的邏輯行為的過程。這種表述似乎得到皮阿吉特和克拉帕萊德等人的著作，以及李維・布魯爾關於原始人類的著述的佐證。但是只要我們細心留意工業現場或是診所中的事實，我們立刻就會發現，這種表述除了對於具有高程度文化的成年人有一定的恭維作用之外，正確性很小。我們甚至可以進一步斷定這種表述是完全錯誤的。這一點，我們有大量的工業研究的實例來證明。

在霍桑進行的第一期系列實驗的最後部分，被我們稱為班克林威觀察室[21]。在這個觀察室裡，工人們薪資的支付是以團隊產量增加計畫作為獎勵來確定，但是這個計畫幾乎完全沒有效果。工人們的工作量是按照團隊認定的一天的工作量標準來進行，因此只有一個人的工作量超過這個標準，但是這個人卻明顯被其他人排擠。產量也不是按照一定測試規定的個人工作能力來規定。「在這個觀察室裡，產量最低的工人的智商是第一位，技術是第三位。產量最高的工人，技術是第七位，智商卻是最低的[22]。」

這個觀察現象不是孤立的，馬修森在其更廣闊的工業研究中也同樣證實這個現象[23]。戈爾登和魯頓伯格對於這種特殊情況進行詳盡討論，按照他們的意見，工會主義可以針對這個「無組織」工業的這種情況做出補救措施[24]。這至少可以清晰地顯示，經濟學家採用的自利動機和邏輯思考，不能完全描述工業領域的現實。工人之間良好人際關係的需求，也就是我們經常說的人類交往本能，輕易就蓋過自利動機和邏輯思考的窠臼，又有多少虛假的管理原則是假此之名？

上一章論及的很多事實，也確實支持這種意見。我們在上一章已經指出，只有那些無法擁有正常的人際交往能力的學生，才會過於關注社會中的個人處境，導致其過度使用邏輯思考能力，而不是利用在社會交往中發展出來的人際關係能力來做決策。這些人由於缺乏對社會團體所需知識的瞭解，因此對於他們而言，每個正常的社會情境都會變成如臨大敵的危機。從這種意義來說，經濟學家對於邏輯的功能在於應對危機狀況的爭論是正確的。然而，這也是經濟學理論的不幸之處，這個理論的適用範圍是社會關係能力常態程度之下的個體，而不是常態程度以上的個體。因此，我們是否需要做出一個結論，經濟學的研究範疇是非常態的人類行為，或是經濟學的研究範疇是對於常態下非常態人類行為的研究？這個問題不能輕易忽略。這個結論中的常態一詞的意義也不能誤解，它的意義單純，指向也很清晰。如果我們更細心地繼續觀察工業中的工人和大學中的學生，我們就會發現，這種受到處心積慮的邏輯思維所得出的自利動機所驅使的人的比例是十分有限的。他們退縮到自利動機的時間，往往是在被社會發展變革拋棄的時候。這個問題也包含更深層的含義，嚴格來說，經濟學不僅是研究人類在解決稀有資源的時候所採取的方法，還應該兼顧另一個方面，也就是如何處理社會關係解體的情況。

如此說來，我們在應用經濟規律之前，就要設定國際和國內處於廣泛的社會解體和組織缺乏狀態。換言之，經濟學研究已經把我們搞得暈頭轉向，我們進行的是一項包羅萬象的病理學研究，而不是生理學研究，是一種對於非常態的社會決定因素的研究，卻不包含對於常態的社會決定因素的研究。羅賓斯在其文章的最後幾段已經說明這個事實，他在關於經濟規律及其與經濟實踐的關係一章中指出，經濟學理論的前提假設演繹的結果不能證明「魚子醬是一種經濟商品，腐肉是一種無用的廢物[25]」這種說法是正確的。他認為，如果從科學的經濟學觀念來看，這個陳述一方面取決於「個人的價值評估」，另一方面取決於「現有的技術程度」。他也明確地指出，這兩個方面的條件都是「在經濟學範疇之外」。

雖然這種看法略顯激進，即使不懷疑他論述的內容是否符合自己的理論假設，現有的事實證據已經可以否定這種個人價值評估是實際決定因素的觀點，除非我們可以接受李嘉圖關於

「人類是由一群自利驅動的無組織的個體所構成」的假設。這篇文章整體上證實，雖然經濟學家聲稱其研究具有重要的現實意義，但是經濟研究的「正當範疇」被其假設過度限制，導致其不能作為工業研究或是經濟規劃的理論基礎。也就是說，社會解體的病理學研究需要輔以對社會組織的直接觀察，直到這種觀察研究得到很好的發展，那些「無緣由地假設人類的價值評估可以實現統一」的論述就會被社會現實的觀察否定，也會推翻將人類看作是一群烏合之眾的假設得出的推論。

雖然變化的因素多種多樣，相互之間的聯繫也是錯綜複雜，但是這種社會是烏合之眾假設的推論，無論如何也站不住腳。

二

幾個世紀以來，這種對於社會是一群烏合之眾組成的假設，在不同程度上誤導我們在法律、政府、經濟方面事務的思想。特別是由之又引申出這樣的烏合之眾組成的社會更需要一個強力國家理念，一個利維坦的巨物，賦予國家行使權威以將其秩序強加給一群烏合之眾。因此，我們很難分辨當代社會的很多自由主義政治家和律師表述的教條與希特勒和墨索里尼的獨裁指令之間的區別。這兩者之間區別的關鍵似乎不是在於邏輯差別，而是在於自由主義政權較之納粹德國的國家社會主義政權在更大程度上保證對於言論和行動有更大程度的自由。

歷史學家更瞭解這個理論可以追根溯源到查士丁尼[26]時代的拜占庭（東羅馬）帝國，教宗諾森四世[27]和中世紀時代。

……在封建主義下的無政府狀態的危險，使得民眾忽視專制的危險……

……霍布斯的巨大利維坦、宗教專家的全權、神秘的權威、奧斯丁的國家主權，都是同一種概念的不同稱謂——亦即由國家集權這個概念衍生出來的立法者具有不受限制的無上威權。至於處於目前考慮中的是教會還是國家，則是無關宏旨……

但是這種說法對於有組織社會現實的描述卻完全站不住腳。

……這個世界上實際存在的不是一方面是國家，另一方面是一群毫無聯繫的烏合之眾，而是廣泛複雜的聚集在一起的許多聯合。只有在社會中，我們才存在個人、家庭、俱樂部、工會、大學、職業等概念……

……建立關於政府和法律理論的基本合理的準則是：不要以邏輯統一的抽象教條作為基礎，而是要以鮮活的社會生活現實作為基礎來進行觀察，盡力記錄我們文明社會的本來面貌。什麼是我們見到的事實？絕對不是如沙粒般堆積起來的個體集合，毫無差異，除了隸屬於國家之外，彼此之間根本毫無共同點和聯繫，而是團體、家庭、學校、市鎮、州縣、工會、教會等從下而上的一個系統……

……實際而言，孤立個體的概念只是存在於夢境的泡影……在現實世界中，真正孤立的個人是不存在的，一個人從一開始就是某個集體的成員……他的人格只有在社會中才會得以發展，他總是非此即彼地表現社會制度的映射。我不是抹殺個體生活的特性，但是這種個性只能在社會的共性中才可以發揮作用[28]。

菲吉斯不僅是一位傑出的歷史學家，也是一位為民眾服務的宗教社團的成員。歷史學素養給予他看待問題的遠見卓識，其日常研究的經驗也為他提供論述和著說的資料。透過他的所有著作，我們可以看到他具有的深刻洞見以及仁慈之心，對於一九一四年之前的世界抱持深刻的關懷。我們確實可以說，他已經對於那個致命年代以來我們所處的艱難時世做出準確的預言。我們也看到他身上具備的單純卻有效地處理人際關係的能力，再加上其淵博的學識，使得他可以運用其知識為工作和日常生活服務。上述菲吉斯的引述顯示他確實是在針對其生活的實際社會進行論述，而不是一個李嘉圖式的讓人懷疑的價值假定，他更關注現實社會而不是由一個存疑的假設推導出來的結論。

對於抱持烏合之眾假設的人們還有一點必須強調，幾乎可以肯定的是他們屬於與實際社會相隔甚遠的那種人——學者、作家、律師。更進一步可以確定的是，那些對李嘉圖的假設鼓吹得最厲害的人，將自己的假定等同於社會現實的人，就是那些法律、政府、哲學領域的學者，他們很少（如果確實有）對其同胞的生活、工作、福祉承擔自己應盡的職責。他們只具備很少的對於各種社會實踐經驗得出的知識，也基本不具備處理人際關係的能力，導致他們無視人類社會組織的很多事實，以及這些事實對那些真正指導別人的人的重要性。最近出版的一本書[29]，可能是多年以來研究政府和行政方面最重要的著作，儘管這本書不屬於這個情況。這樣付出艱辛努力卻富有意義的研究被教授政治學的學院忽視也不足為奇。

巴納德是紐澤西州貝爾電話公司的總經理，他從基層晉升的經歷不僅使自己具有源自於人類合作體系經驗的知識，而且也具備處理紛繁複雜的組織問題的熟練經驗。他的這部著作，證明他同樣具備卓越遠見和邏輯思維能力。以亨德森提出的在諸如此類的研究領域中擔任領導者必須具備的三個條件作為衡量標準來說，他比任何我之前提及的作者更出色，其必須具備的條件如下：

第一，對事物慣有的直覺上的親近。

第二，系統的知識。

第三，有效的思維方法。

巴納德在此書的序言中，簡要地提及自己本來想要透過博覽群書來搜尋關於人類組織普遍特點的合理描述，但是現實讓他失望，他沒有在任何論著中找到關於自己日常管理工作中所熟知的組織類型的論述。不僅如此，一些討論這個主題的論著，實際上對這種管理實踐的現實狀況一無所知。

……我瞭解的社會科學研究者們，都在剛接觸到我從事管理工作的社會組織邊界的時候就退卻，無論他們是從哪個方面去接觸。在我看來，他們幾乎沒有察覺那些處於他們描述現象之下的調整和決策的過程……

更有甚者，這些作者對於社會組織是社會的主要結構這個前提的極度重要性根本不予承認。

……對於風俗習慣、社會傳統、政治結構、政治制度、態度、動機、癖好、本能等範疇有廣泛的探討，但是對於社會研究的一般原則以及與之相關聯的民眾活動之間的聯繫橋樑卻並未包含在內[30]……

隨後，巴納德指出那些思想史上冗長的國家和教會部分妨礙對於真正構成人類合作現實問題的調查研究。近幾個世紀以來，法學家、宗教學家、歷史學家、政治學家一直忙於討論權威的來源和性質問題。有一位知名的當代歷史學家說，歐洲文明是羅馬帝國和教會（Ecclesia）對氏族（例如：法蘭克人[31]、撒克遜人、凱爾特人[32]）和其他部落組織產生作用的一個產品[33]。無論我們考察代表拜占庭和羅馬帝國的查士丁尼大帝還是代表教廷的教宗諾森四世，可以發現兩者都認為最高的權威是任何正式組織的起源和基礎。在他們看來，任何人類社會的組織，包括城市、大學、商業機構、軍隊等組織的權威，都被認為是從一個高級和統一的權威中得來。在權威的角度來看，所有「人格」都是虛擬和衍生出來的。正如更早期的菲吉斯指出的，巴納德也抱持同樣的觀點，這一切仍然是現在法律理論的基礎，但是這樣的基礎不符合現今民主政府建立在自發合作基礎上的理論現實，同時還會阻礙我們對社會組織的現實狀況的調查研究，阻礙我們對社會組織的進一步瞭解。此外，「即使將法學家抱持的國家理論持續不斷地應用於司法審判的過程中，也完全無法解釋這個組織運行所需要最基礎的經驗。這種歷史上延續的對於權威起源和性質的爭論，讓法學家和宗教學者產生一些虛幻的知識，事實上也阻礙實際的調查研究。」

在提出的權威問題引起學術界的軒然大波之後，巴納德繼而提出「古典經濟學理論的假設，容易引起對人類行為中經濟性方面的過度誇大」這個問題。「亞當・斯密和其信徒們的理論使他們逐漸減弱對社會實踐具體研究的興趣，但是他們關注的經濟因素只是這個具體過程中的一方面」，因此巴納德認為這些經濟學家過於偏重經濟利益[34]，這又與在決定行為中強調「理智過程比感情和生理過程更重要」的錯誤相結合，其結果就是在很多人的思想中，人類的屬性仍然是具有一些非經濟屬性的經濟人。巴納德卻舉出在其管理組織中的一個反例：

……雖然我早就知道如何在組織裡有效地和別人交往，但是直到我將經濟理論和經濟利益降為次要地位以後，才開始真正瞭解組織和組織行為，儘管這些經濟因素都是不可或缺的……

這也再次說明經驗產生的真知與透過持續細緻的工作產生的直覺比獨立於高度專業技能和責任控制的邏輯推理更可靠。

巴納德對組織中實際權威的論述，最清晰地顯示實際知識與邏輯推理之間的區別。厄勒布或是西內秘密山頂上的巨雷和閃電已經一去不復返，哲學意義上的統一和連續性討論也將不復存在。權威就是為了方便在邏輯推理上解釋表面現象而虛構的概念。如果我們勾畫出一幅上下通達的組織結構圖，權威的執行者被安置在命令鏈傳達的重要位置。這個執行者的任務是促進組織各個構成部分的平衡，進而使組織的目的和任務可以快速而便捷地得以實現。如果他不能勝任這個角色，無論他擁有多麼高的職銜，在組織裡也不會有實際的權威。我們對於權威的大致定義是：一個正式組織的資訊發布者和命令下達者，依靠組織成員對其角色的接受和執行來達到目的……在這個定義裡，命令的權威取決於命令發表的對象，而不是「當權者」或是「發號施令者[35]」。巴納德也慎重地說明一個「不重要的區域」，也就是說，不是每次發布命令對於維持權威都是至關重要，拋開這層含義，個人服從命令的程度決定組織效率的說法大致正確。所以，權威一方面取決於個人合作態度，另一方面取決於組織命令傳遞系統。因此在實際中，權威執行的時候要求具有很高的遠見卓識和指導。由於權威必須依賴別人的合作，因此人際交往和合作能力與專業技能在其中是同等重要的。在經濟學理論的誤導下，我們在青年培訓體系中安排專業技能方面的位置，但是我們對於社會發展必需的人際關係能力的培養沒有作為，我們的教育體系實際上是在阻礙這個社會能力的發展。

為數眾多的民眾和商界領袖級的政治精英，都存在一種思想：人類是由一群烏合之眾所構成，因此對於這些人必須從外部強加給其秩序。正是這個謬論激勵希特勒的納粹之夢。

三

在上文提及的一本著作中，作者道森將歐洲文明的形成歸結於羅馬帝國和中世紀教會對那些歐洲未開化部落中人們的開化。這個開化不是單向的，歐洲人民也有決定是否接受更高文明開化的權力，道森也聲稱正是這個認知造成十九世紀民族主義的浪潮。在更高文明和未開化人民之間，權威及其執行一直是爭論的焦點。「未開化社會的實質在於其建立的基礎是血緣關係，開化社會是建立在公民原則或是絕對主義國家權威的基礎上[36]。」凱爾特人和日爾曼人的社會組織是典型的部落性質，「建立在血緣關係上的社會組織，例如：氏族」。這種被稱為原始社會性質的社會組織，卻保有很多更高文明社會不具備的品格。在這個社會中，成員只忠實於自己所屬的社團，每個成員在其社會活動的合作中都是自發而全心全意的。羅馬國家的傳統是建立在邏輯清晰和表述明確的帝國權威的基礎上，部落氏族的傳統卻是非邏輯和非形式化，它建立的基礎是部落成員自發的合作態度。

詹克斯在其一八九七年完成的著作中指出，文明的發展迫使國家接替氏族的組織作用。「氏族存在於國家產生之前，但是這兩個階段之間的關係卻經常被誤解[37]」。他進一步指出，國家不應該只被看作是擴大的氏族。他宣稱：「國家和氏族之間的原則是完全不同的，國家的興起就表示氏族的衰敗。」社會組織變革的先決條件是由於軍事需要而產生，也就是說，是在緊急狀態下產生的。「那些湧入羅馬帝國和不列顛王國的軍隊，都是氏族的聯盟」。在塔西佗[38]時代之後大約三個世紀，那些最負盛名的古老氏族要麼消失，要麼被更大的組織消滅。取而代之的新組織都是軍事性的，我們在他們的稱謂中可以看出來，例如：法蘭克戰士、撒克遜刀客、阿拉曼異族。這種新組織不只是舊組織的簡單擴大，而是建立在完全不同的原則上[39]。新組織的領袖不再是世襲制，而是按照自身的軍事能力被選擇出來。社會組織的基礎不再是血緣關係而是效率優先，但是這種選賢與能的制度比之前的貴族世襲血統具有更廣泛的影響力，這可能就是氏族和國家之間最關鍵的區別。**詹克斯進一步闡明這個關鍵的區別是：「氏族是由團體構成的社會，國家是由個體構成的社會。」**這個闡述在他的著述中被反覆提及，正是從這個論點中引發他論述的主題——國家和氏族之間的互相仇視是必然的。

詹克斯的文章論點鮮明而且清晰明瞭，也使這個主題更引人入勝。國家和氏族的戰爭確實是中世紀政治的主要特點，這種戰爭也造成中世紀時期的歷史存在奇異的二元性，這種衝突也使很多學者認為這個時代具有與眾不同的魅力。國家起初是因為軍事的需要而產生，戰爭的需要促使新的戰士部落結為聯合體。如果這個聯合體得以建立，必然要求建立內部秩序和制度，因此作為這個聯合體的國家必然逐漸擔任「內部維持和平者、正義執行者、土地管理者」等職責。但是，這種逐漸建立的國家最高權威是有限制的。在封建時代，特別是在查理曼大帝之後的法蘭克人時代，社會組織瓦解成為一些封地的聯合體，每個封地的內部組織結構與早期的部落制度是極其相似的，「在無政府狀態的年代裡，氏族壓倒國家[40]。」但是隨著異教徒的入侵，氏族「內在的軍事上的軟弱性」以及效率低下使得國家得以復興，重新勝過氏族。因此，詹克斯將自己闡發的社會組織的鬥爭主題歸結為國家的最後勝利。

·霍·桑·效·應·

國家和氏族之間的戰爭是曠日持久而且艱苦異常的。封建時代的產生，象徵第一回合戰役的終結，整體看來，雙方都沒有獲勝，而是產生一種在國家和氏族之間妥協的分封制度。在分封制度的組織形式中，氏族的成分優於國家……然而，雙方又因為十世紀和十一世紀之間國家的復興而重燃戰火，正如我們最終看到的，國家在新的戰役中得到全面的勝利。

毫無疑問，由於詹克斯論述的是在一八九七年和維多利亞時期的英國，很容易就可以斷定這個戰爭已經被完滿的終結。當時，無論是勒普勒還是涂爾幹的警告，看起來只像地平線上隱存的霧靄。除此之外，詹克斯雖然是一位出色的歷史學家，但是他同時也帶有律師的特質，更滿足於結構清晰和邏輯嚴謹的闡釋，並且以此來取代事實。在他寫這些文章以後的半個世紀以來，我們已經瞭解社會問題的解決絕對不是像他說的這般簡單，菲吉斯和道森、勒普勒和涂爾幹已經指導我們，對歐洲歷史的現實還要抱持更審慎細緻的批評態度。

然而，詹克斯也不是毫無疑慮。在他論述的結論中，坦誠地提到「如果單純地從效率角度而言，毫無疑問，國家制比氏族制更健全。」但是「氏族制度源自於人類最本質的本能，因此也不能被完全忽視。」正是這個疑慮，使他進一步得出這樣的結論：「如果說氏族制的觀念對效率的益處不大，至少有益於維持穩定。」實際上，拋開詹克斯的所有論述不談，文明社會問題的本質不是在於國家制和氏族制之間，以及效率主題與穩定主題誰最終獲勝，而是在於這兩個制度怎樣才可以融合於現今這個複雜的社會模式中。**實際上，這也是巴納德這本書要論及的主題：理性認知與積極合作對於文明社會的秩序和活動，具有同等重要的地位。**

四

巴納德論及任何有目的的組織必須可以既有效果（完成組織目標）又有效率（滿足個人利益[41]）的時候，實際上是在說明一個可以廣泛地應用於整個社會範疇的原則。**任何社會團體組織一定要讓其成員獲得以下兩點：第一，使其物質需要得到滿足；第二，在不同的社會角色和任務中，達成與別人的積極合作。**這裡對於要點的排列不表示誰先誰後，也不表示哪個更重要。實際上，它們處於同等重要的地位，而且是同時得以實現。然而，如果我們回顧原始社會的事實，我們可以這樣假設：這兩者中，第二點論述的達成持續的積極合作的需要顯然對社會生活更重要。我們可以看到所有原始部落儀式的目的，基本上都是為了促進成員的和諧合作，也就是在工作中保持紀律性和團結性。對於部落而言，顯然潛意識裡認為只要部落可以有效地合作，其物質方面的需求就可以得到滿足。

沒有組織，就不可能有合作存在。任何工業組織必須具有兩個方面的屬性，一方面是工作屬性，必須遵循專業和效率的要求；另一方面是社會屬性，也是很多人的一種生活方式，所以必須使高效率的合作與和諧的生活方式並存。我們的文明在工作屬性上的專業技術提升取得明顯的成就，但是在社會屬性上卻非常失敗。這種情況造成我們不僅無法有效地取得國內社會或是國際社會的持久合作，而且深受這些具有相當大局限性的有限理論的限制，這些理論往往把在社會屬性上的失敗當作是文明的成就。我們的經濟學理論將「社會是由無組織的烏合之眾所構成，並且為了稀有產品而進行競爭」視為自己的天然假設，我們的政治學理論假定我們的社會是一個由絕對主義國家權威統治下的生活在一起的個體所構成。這兩個代表性理論將所有對於社會現實的研究拒之門外並且不予贊成，連累我們處於到目前為止一直成為二十世紀的特點的這個競爭而具有破壞性的無政府狀態中。我們可以肯定大學進行的經濟學和政治學研究耗費的時間和精力不完全是浪費的，但是只要這些學科繼續將其理論用於代替對於社會現實的調查研究，將會使我們的社會繼續殘缺不全。

「國家沒有創造家庭，也沒有創造教會，甚至在任何真實的意義上，也不能說它曾經創造俱樂部或工會，也不能說它在中世紀創造行會或宗教的聖職，更不能說它創造大學或大學學院。所有這些，都是從人類自然產生的本能中產生出來的[42]……」菲吉斯繼續論述：「我想要表達的……是在說明這個問題：區分我們和對立者的關鍵在於原則問題而不是細節問題。所牽涉的原則……是關於人類組織的性質和由其發展出來的國家的真正性質。」他接著指出，只要

「國家是全能的這個教條還沒有被克服」，自由制度就無法得到自由發展。國家的真正作用表現在其建構「一個骨架，使人們不斷發展出來的社會本能可以在這個框架下得以發展」，他更否認「一個全能的國家面對同樣一群虛妄的互無關聯的個體」這個概念，並且將其稱為「科學怪獸」。

全能國家和無組織個體的假設，已經被經濟學、政治學、法學理論所蘊含，並且清晰地表述出來。結果是：它為我們奉獻希特勒和墨索里尼，並且攪亂整個民主政治的過程。

軸心國將建立在這個假設上的法律和政治理論向前推進一大步，衝破其邏輯結論的束縛而進入實際運用。這一切，可能中止我們對於主權國家的理論研究並且引發我們的深思，可能更進一步的引發我們對於一些人類社會現實的調查研究。如果還可以說有一些成就，也是因為民主政體中的人民默默地承擔對於暴君、神權、絕對強權的抵制，才會讓民主政體在走向共和的道路上有一些成就。從歷史來看，我們的祖先不止一次地抵制強權的壓迫，不屈服於上方的權威，而是確實地以可以代表基層自由意願的投票權作為其領導權威的唯一來源。正是因為如此，才保有社會進步的可能性，也使民主過程不至於受到政治理論的蠱惑而誤入歧途。代議制和定期選舉的制度是推動發展的部分保證，但也只是一部分。即使在民主政體中，我們也並未完全排除出現政治暴君的風險。巴特勒先生在其對一個山區嚮導的觀察中指出，「我們已經推

·霍·桑·效·應·

翻貴族和教會的特權。接下來，我們就要對政客們的權力開刀，這必定是艱苦卓絕的戰鬥[43]」。只具有民主的形式是完全不夠的，我們還要積極發展處理社會關係的遠見和技能，才可以讓這副骨架有生機。對於這個題目的最終討論，必須留待最後部分。

1. 成本會計是指為了求得產品的總成本和單位成本而核算全部生產費用的會計，成本會計的中心內容為成本核算。——譯者注

2. 參見卡爾的《和平的條件》（紐約，麥克米倫公司，一九四二年版）第七十九頁。——原注

3. 賈斯特・巴納德（一八八六～一九六一），美國著名管理學家，近代管理學理論奠基人之一，代表作是一九三八年出版的《行政主管的功能》，開創組織管理理論研究，揭示管理過程的基本原理，經由後人進一步發展，形成管理學領域的組織管理學派，對當代管理學體系產生重要影響。——譯者注

4. 參見巴納德的《行政主管的功能》序言。——譯者注

5. 即卡爾的《和平的條件》。——譯者注

6. 一八三七、一八七三、一八九三年衰退的詳細考慮不在這個討論的範圍之內。但是毫無疑問，一個合格的歷史學家可以指出，在這段期間失業的蔓延與當時已經日趨迅速的技術進步是相關的。——原注

7. 經濟人就是以完全追求物質利益為目的而進行經濟活動的主體，每個人都希望以盡可能少的付出，獲得最大限度的收穫，並且為此不擇手段。經濟人的意思為理性經濟，這是古典管理學理論對人類的看法，即把人類當作「經濟動物」來看待，認為人類的所有行為都是為了最大限度滿足自己的私利，工作目的只是為了獲得經濟報酬。——譯者注

8. 重農學派以自然秩序為最高信條，視農業為財富的唯一來源和社會所有收入的基礎，認為保障財產權利和個人經濟自由是社會繁榮的必要因素。——譯者注

9. 法蘭索瓦・魁奈（一六九四～一七七四），法國國王路易十五的宮廷醫師，重農學派創始人，有時候被稱為近代第一個經濟學家，因為他用抽象的圖式提出自己對經濟體系的分析，進而說明生產和消費過程中的商品流通。——譯者注

10. 參見吉德的《政治經濟學原理》（倫敦，希斯公司，一九〇九年版）英文本（由費迪茲所譯）第九頁。——原注

11. 法文，自由放任主義，特別指政府對商業的不干涉主義。——譯者注

12. 參見吉德的《政治經濟學原理》，第二十四～二十五頁。——原注

13. 大衛・李嘉圖（一七七二～一八二三），古典經濟學理論的完成者，古典學派的最後一位代表，最有影響力的經濟學家之一，主要代表作是一八一七年完成的《政治經濟學及賦稅原理》，書中闡述自己的稅收理論。——譯者注

14. 參見羅賓斯的《論經濟科學的性質和意義》（倫敦，麥克米倫公司，一九三二年版）。——原注

15. 參見羅賓斯的《論經濟科學的性質和意義》（倫敦，麥克米倫公司，一九三二年版）第十五頁。——原注

16. 很多時候，稀有不是指絕對數量的多少，而是指相對於人們無限多樣和不斷增加的需求來說，用以滿足這些需求的有用資源總是相對不足。簡而言之，長時間的供不應求即為稀有，最直接的表現就是商品或人才的「價格不斷攀升」。稀有是經濟物品的顯著特徵之一，經濟物品的稀有不表示它是稀少的，而是指它不可以免費得到。想要得到這種物品，必須自己生產或是用其他物品來交換。——譯者注

17. 亞當・斯密（一七二三～一七九〇），經濟學的主要創立者。——譯者注

18. 參見羅賓斯的《論經濟科學的性質和意義》（倫敦，麥克米倫公司，一九三二年版）第八十七頁。——原注

19. 尚-雅克·盧梭（一七一二～一七七八），法國偉大的啟蒙思想家和文學家，十八世紀法國大革命的思想先驅，啟蒙運動最卓越的代表人物之一，主要著作有：《論人類不平等的起源和基礎》、《社會契約論》、《愛彌兒》、《懺悔錄》。——譯者注

20. 參見格林的《政治義務的原理演講集》（倫敦，朗曼斯·格林公司，一九一一年版）。——原注

21. 參見羅斯利斯伯格和迪克森合著的《經營管理和工人》（哈佛大學出版社，一九三九年劍橋版）第四編。——原注

22. 參見羅斯利斯伯格的《經營管理和士氣》第八十二頁。——原注

23. 參見馬修森的《沒有組織的工人對產量的限制》（紐約，維京出版社，一九三一年版）。——原注

24. 參見戈爾登和魯頓伯格的《工業民主的動態》（紐約及倫敦，哈普爾兄弟出版社，一九四二年版）。——原注

25. 參見羅賓斯的《論經濟科學的性質和意義》第九十八頁。——譯者注

26. 查士丁尼（四八三～五六五），東羅馬帝國皇帝，在位期間東征西討，以二十年時間打敗波斯帝國，擊潰汪達爾族，從哥德人手中收復義大利和北非以及西班牙一部分，地中海再次成為羅馬的內湖。在國內，他鎮壓平民起義，反對政府的腐敗作風，鼓勵發展商業和工業，著手大興土木，建築城堡、修道院、教堂。——譯者注

27. 諾森四世，原名西尼巴爾多·菲斯奇，羅馬第一百八十位教宗（一二四三～一二五四年在位），終其任期都在與神聖羅馬帝國腓特烈二世及其後繼者鬥爭，以解除神聖羅馬帝國對羅馬教廷的包圍形勢，但是未能成功。——譯者注

28. 參見菲吉斯的《現代國家的教會》，上述引語均出自第二講。——原注

29. 即巴納德的《行政主管的功能》。——譯者注

30. 參見巴納德的《行政主管的功能》序言。——譯者注

31. 法蘭克人是五世紀時期入侵西羅馬帝國的日爾曼民族的一支，統治現為法國和德國的地區，建立中世紀初期西歐最大的基督教王國。——譯者注

32. 凱爾特人為西元前兩千年活動在中歐的一些民族的總稱，這些民族有共同的文化和語言特質，主要分布在當時的高盧、義大利北部（山南高盧）、西班牙、不列顛、愛爾蘭，與日爾曼人並稱為蠻族。現代的凱爾特人，仍然堅持使用自己的語言，並且以自己的血統而自豪。——譯者注

33. 參見道森的《歐洲的形成》（倫敦，希德·沃德書店，一九三二年版）第六十七頁。——原注

34. 參見巴納德的《行政主管的功能》序言。——譯者注

35. 參見巴納德的《行政主管的功能》。——譯者注

36. 參見道森的《歐洲的形成》第六十八頁。——原注

37. 參見詹克斯的《中世紀的法律和政治》（倫敦，約翰·墨萊書店，一九一三年）第二版。——原注

38. 普布利烏斯・科爾奈利烏斯・塔西佗（五五～一一七），古羅馬最偉大的歷史學家之一，繼承和發展李維的史學傳統和成就，在羅馬史學上的地位猶如修昔底德在希臘史學上的地位。——譯者注

39. 參見詹克斯的《中世紀的法律和政治》第七十四頁。——原注

40. 參見詹克斯的《中世紀的法律和政治》第八十四頁。——原注

41. 參見巴納德的《行政主管的功能》。——原注

42. 參見菲吉斯的《現代國家的教會》第四十七頁。——原注

43. 參見巴特勒的《失去的和平》（紐約，赫考特・布拉斯公司，一九四二年版）第八十九頁。——原注

— 附錄 —

霍桑實驗簡要過程與結論

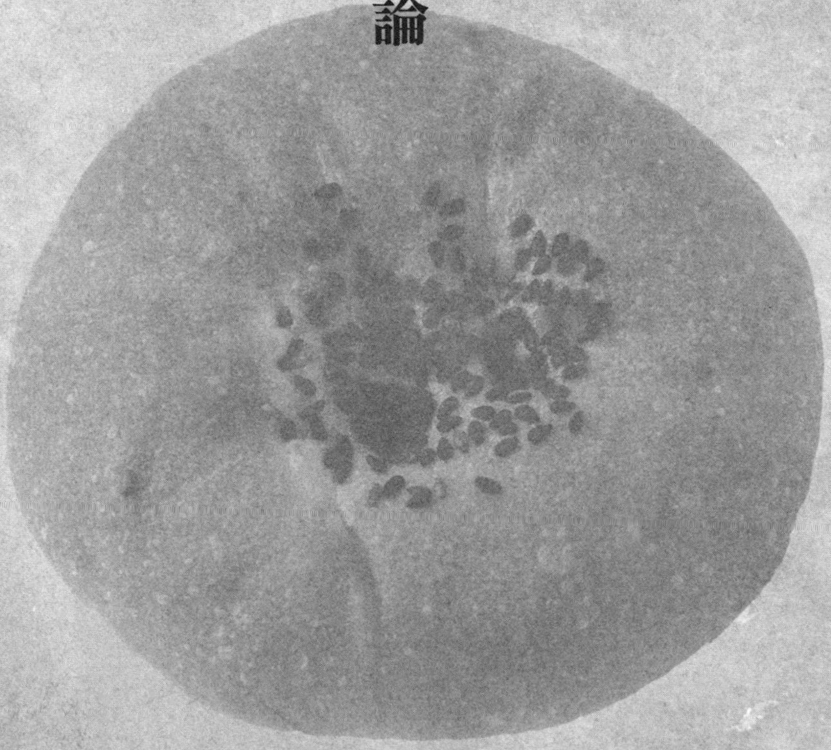

霍桑效應

霍桑工廠屬於美國西部電器公司，這是一個製造電話交換機的工廠，具有完善的娛樂設施、醫療制度、養老金制度，但是工人們仍然憤憤不平，工作效率低下。為了找出原因，一九二四年十一月，美國國家科學研究委員會組成研究小組進行實驗研究，這次實驗被稱為霍桑實驗。**霍桑實驗是心理學史上最著名的實驗之一，霍桑實驗的研究成果對於管理學而言更是具有劃時代的意義——它使數億工人第一次擺脫「工作機器」的刻板定位，成為工作中的人。**

實驗主要分為四個階段：

一、照明實驗（一九二四～一九二七年）

這個實驗的目的是為了瞭解照明對生產率產生的影響。實驗挑選兩組繞線工人，其中一組是實驗組，一組是參照組。在實驗過程中，實驗組的照明度不斷增強，從二十四燭光到四十六燭光，最後增加到七十六燭光。在這個過程中，參照組的照明度始終保持不變。

研究者試圖透過這個實驗，以考察照明度的變化對生產率的影響。但是這次實驗的結果是：實驗組的照明度增強的時候，實驗組和參照組都增加產量；實驗組的照明度減弱的時候，兩組還是都增加產量，甚至實驗組的照明度減至〇・〇六燭光的時候，其產量也沒有明顯下降，直到照明減至如月光一般朦朧的時候，產量才會急劇下降。

對這次實驗結果的分析是：

1. 工作場所的燈光照明會在一定程度上影響生產，但是影響力非常小，只是一個不太重要的因素。
2. 由於實驗過程中涉及的因素太多，有些因素變數太大難以控制，對於實驗結果的影響也無法評估，所以照明對工作效率的影響無法測定出來。

二、福利實驗

梅奧教授參與此次實驗，為了可以找到更有效的影響員工積極性的因素，他選出六個女工人，這些工人將會在單獨的工廠中從事裝配繼電器的工作。在實驗過程中，梅奧不斷地增加各項福利措施，例如：縮短工作日、延長休息時間、免費提供休息茶點。

這次實驗是比較成功的，梅奧和同事們對這次實驗進行歸納總結，並且提出一些假設，作為分析的起點：

·霍·桑·效·應·

1. 實驗透過改進物質條件和工作方法以提升工作效率。
2. 增加休息時間和縮短工作日使得工人們的疲勞減輕。
3. 工間休息減輕工作的單調性。
4. 個人計件制度促使工作效率大幅提高。
5. 改變監督方式，使得人際關係得到改善，進而改變工人們的工作態度，並且直接提高工作效率。
6. 參加實驗的光榮感，使得工人們的效率提高。

三、訪談研究（一九二八～一九三一年）

這個實驗以訪談為主要方法，研究者進行與工人之間的廣泛深入的交談，訪談的最初目的是瞭解工人們對工作環境的看法。但是在訪談中發現，大多數工人都存在不滿，這種不滿大多來自於個人複雜的感情和情緒，例如：研究者提問預設問題的時候，工人們想要針對工作提綱以外的事情進行交談，他們認為重要的事情不是公司和研究者認為意義重大的那些事情。研究者瞭解到這一點，及時把訪談計畫改為事先不規定內容，每次訪談的平均時間從半個小時延長到一個小時，多聽少說，詳細記錄工人們的不滿和意見。訪談計畫持續兩年多，工人們的產量大幅提高。

在訪談的發展過程中，研究者對個人態度和情緒有更深刻的瞭解。他們發現：想要使個人得到實質性幫助，就要理解他的環境和衝突，並且耐心聽取他的心聲，後來把這種方法稱為「啟發式訪談」。

四、群體實驗

在這個實驗中，梅奧和研究人員選出十四個男工人，這些工人將會在單獨的工廠中從事繞線、焊接、檢驗工作，值得一提的是：對實驗組實行特殊的工人計件薪資制度。

這次實驗的結果同樣有些出人意料。按照最初的設想，實行這個獎勵方法之後，工人們會更努力工作，以得到更多的報酬。但是在觀察中，研究人員發現這個班組的工作效率只能算是中等。原因是：這個班組在事實上成為一個特殊群體，為了維護自己群體的利益，群體中每個人的日工作效率都差不多。這個班組內部還有一些規範，例如他們約定，誰也不能做得太多太快，這樣會讓其他人顯得效率低下。同樣地，誰也不能做得太少太慢，這樣會影響全組的工作量。他們還相互約定，每個人都要為群體的內部事務保密，不准向企業管理者告密。上述約定必須嚴格遵守，如果有人違反這些規定，輕則挖苦謾罵，重則拳打腳踢。在計件薪資的前提下，他們為什麼要有意識地降低工作效率？進一步調查發現，他們是擔心產量如果提高太多，企業管理者會改變現行獎勵制度或是裁減人員，使部分工人失業，也擔心動作比較慢的同事會受到懲罰。

實驗結果顯示，為了維護團隊內部的團結，工人們甚至可以放棄物質利益的誘惑。這是一項超出預想的成果，研究人員由此提出「非正式群體」的概念，認為在正式的組織中存在自發形成的非正式群體，這種群體有自己特殊的行為規範，對人們的行為產生調節和控制作用，內部合作關係也因此而加強。

梅奧教授根據霍桑實驗的結果提出的「士氣理論」，給現代企業經營管理重大啟示：

1. 管理需要人文關懷，無法做到這一點，管理的消極和對立因素永遠不可能真正消除。

2. 管理者應該是人際關係型的領導者，而不只是規範制定者和監督執行者，這就是為什麼精神激勵有時候比物質激勵更重要。

3. 想要提高執行力，就要正確協調企業中的非正式群體。非正式群體的廣泛存在是一種社會關係使然，忽視和不瞭解這種基於人性和社會關係在企業組織中的必然存在，將會導致管理的低效率和失敗。

心學堂 20

·霍桑效應·

作者	喬治・埃爾頓・梅奧
譯者	項文輝
美術構成	騾賴耙工作室
封面設計	斐類設計工作室
發行人	羅清維
企劃執行	張緯倫、林義傑
責任行政	陳淑貞
企劃出版	海鷹文化
出版登記	行政院新聞局局版北市業字第780號
發行部	台北市信義區林口街54-4號1樓
電話	02-2727-3008
傳真	02-2727-0603
E-mail	seadove.book@msa.hinet.net
總經銷	知遠文化事業有限公司
地址	新北市深坑區北深路三段155巷25號5樓
電話	02-2664-8800
傳真	02-2664-8801
網址	www.booknews.com.tw
香港總經銷	和平圖書有限公司
地址	香港柴灣嘉業街12號百樂門大廈17樓
電話	（852）2804-6687
傳真	（852）2804-6409
CVS總代理	美璟文化有限公司
電話	02-2723-9968
E-mail	net@uth.com.tw
出版日期	2022年11月01日　二版一刷
定價	320元
郵政劃撥	18989626　戶名：海鴿文化出版圖書有限公司

國家圖書館出版品預行編目（CIP）資料

霍桑效應 ／ 喬治・埃爾頓・梅奧作 ； 項文輝譯.
-- 二版. -- 臺北市 ： 海鴿文化，2022.11
面 ； 公分. --（心學堂；20）
ISBN 978-986-392-470-8（平裝）

1. 霍桑效應

494.1　　111016232

SeaEagle

SeaEagle